沖縄の河川と湿地の底生動物

鳥居高明・谷田一三・山室真澄 著

東海大学出版部

Benthic Animals in Streams and Wetlands of Okinawa

Takaaki TORII, Kazumi TANIDA and Masumi YAMAMURO
Tokai University Press, 2017
Printed in Japan
ISBN978-4-486-02156-8

はじめに

　陸上に存在する水を陸水と呼んでいます．大きな陸水は，湖沼，河川ですが，地下水，伏流水，温泉水，それに湿地や湿原も陸水環境です．琉球列島に多い洞窟の中を流れる水も，もちろん陸水学の対象です．日本陸水学会は，この陸水を広く研究して，その科学的な知識を普及する活動をする学会です．研究対象としては，水文，物理，化学などとともに，そこに棲む生物も大きな対象です．陸水，特に湖沼に棲む生物は，その運動・存在様式で，プランクトン（浮遊生物），ベントス（底生生物），ネクトン（遊泳生物），ニューストン（水表面生物）などに分けられます．この本では，ベントスを主に取り上げます．もちろん，ベントスも浮いたり，流れたりして，大きく移動することもできます．また，生活史の段階で，プランクトンからベントスに，また再びプランクトンになることもあります．琉球列島には，人工的に造られたダム湖を別にすると大きな湖沼はありません．ここでは，主に河川や湿地に棲むベントスを取り上げました．

　琉球列島は，小笠原諸島やハワイ群島のように，大陸からは完全に独立した島である大洋島ではありません．かっては中国大陸などと連なっていた時代があると考えられています．しかし，独立した群島になってからの時間は，100万年をゆうに越え，かつ水没しないで陸地であり続けた島も多数あります．海洋と往復できる魚類やベントスを除けば，水生生物にとっては隔離された島において独自の種分化をするのに十分な進化的時間があったわけです．

　古典的な生物（動物）地理学によれば，琉球列島は旧北区（東部）と東洋区の境界に位置しています．琉球列島はこの両区の移行帯といっていいでしょう．生物によって，どこに境界をおくかは違っていますが，大隅群島とトカラ列島の間の境界である渡瀬線が，最も大きな境界として古くから着目されてきました．この移行帯という位置も，琉球列島の陸水生物の独自性を高める大きな要因です．琉球列島そのものの区分としては，トカラ海峡以北の北琉球，奄美諸島と沖縄諸島を含む中琉球，宮古諸島と八重山諸島を含む南琉球に分けることが多いようです．今回

は，沖縄島を中心に採集した陸水ベントスを主に取り扱いました．

　ここに載せることのできた種や仲間は、琉球列島の陸水ベントスのごく一部です。それでも、琉球列島に特徴的なグループの代表は収載することができました。この本をベースにして、『琉球列島の陸水生物』の大改訂が進めば、それは望外の幸せです。

　私自身が琉球大学を中心にした調査隊のメンバーとして参加した1973年の調査時点（琉球列島の自然とその保護に関する基礎的研究）から、『琉球列島の陸水生物』が編まれた2003年，その当時と比べれば，琉球列島の陸水ベントスの知見は格段に増えています．しかし，その固有性の高さや陸水生態系の実態が解明されるには，まだ多くの時間がかかります．この図書が琉球列島の陸水ベントスへの関心を高めることで，その基礎的研究と保全研究が進展することを祈っています．

著者を代表して　　谷田　一三

主な参考文献

川合禎次・谷田一三（編）（2005）日本産水生昆虫　科・属・種への検索．東海大学出版会，
　秦野，神奈川．

増田　修・内山りゅう（2004）日本産淡水貝類図鑑2　汽水域を含む全国の淡水貝．
　株式会社ピーシーズ，東京．

西島信昇（監修）・西田　睦・鹿谷法一・諸喜田茂充（編著）（2003）琉球列島の陸水生物．
　東海大学出版会，東京．

謝辞

　この本のもとになった資料集を使った日本陸水学会第81回大会（沖縄大会）の同定会の開催とこの本の出版については，河川基金の助成を受けました．本の出版の一部には，沖縄美ら島財団から普及啓発のための支援をいただきました。また，同定会の場所は，沖縄県立博物館に提供していただきました．同定会の準備は，琉球大学農学部の中野拓治さんをはじめとする陸水学会大会実行委員会の方々にしていただきました．この同定会がなければこの本はできていません。同定会を企画し、参加してくれた方々に感謝します．

　資料の採集や写真撮影については，いであ株式会社に全面的に助けていただきました．特に，同社沖縄支店の山本一生さん，田端重夫さんには，現地調査にも同行していただきました．石垣市立崎枝中学校の内原徹先生と次の生徒さん（野里怜生・野村琉花・丸山葵・野里実優）には，石垣島の貴重な資料を提供していただきました．これらの方々に深く感謝します．

　本書のもととなった資料集のレイアウトについては，北海道富良野市高島義和さんに，全面的にお願いしました．短い時間に，すばらしいブックレットを仕上げていただきました．

2017 年 7 月

鳥居高明　（いであ株式会社環境創造研究科）

谷田一三　（大阪市立自然史博物館・大阪府立大学）

山室真澄　（東京大学大学院新領域創成科学研究科）

目次

はじめに　iii

謝辞　v

この本の使い方　x

生物の仲間調べ ——————————————————————— 1

琉球列島陸水ベントス　2

巻貝類　4

ウズムシ類, ミミズ類　5

エビ, カニ類　6

ミズダニ類　7

カゲロウ類　8

カワゲラ類　9

トンボ類　10

水生カメムシ類　11

トビケラ類　12

ヘビトンボ類　13

ハエ, カ類　14

コウチュウ（甲虫）類　16

各科の解説 —————————————————————————— 19

扁形動物門　有棒状体綱　三岐腸目　20

サンカクアタマウズムシ科……20

軟体動物門　腹足綱　アマオブネガイ目　21

アマオブネガイ科……21

フネアマガイ科……22

コハクカノコガイ科……23

軟体動物門　腹足綱　新生腹足目　24

トゲカワニナ科……24

カワザンショウガイ科……25

ミズゴマツボ科……25

軟体動物門　腹足綱　汎有肺目　26

モノアラガイ科……26

サカマキガイ科……27

ヒラマキガイ科……27

vii

環形動物門　環帯綱　イトミミズ目　　　28
　ミズミミズ科……28
節足動物門　クモ綱　ダニ目　　　30
　ケイリュウダニ科……30
　オヨギダニ科……30
節足動物門　軟甲綱　エビ目　　　31
　ヌマエビ科……31
　テナガエビ科……35
　サワガニ科……37
　モクズガニ科……38
節足動物門　昆虫綱　カゲロウ目　　　39
　コカゲロウ科……39
　ヒラタカゲロウ科……42
　トビイロカゲロウ科……43
　モンカゲロウ科……44
　ヒメシロカゲロウ科……45
節足動物門　昆虫綱　トンボ目　　　46
　カワトンボ科……46
　ミナミカワトンボ科……47
　サナエトンボ科……48
　エゾトンボ科……50
　トンボ科……51
節足動物門　昆虫綱　カワゲラ目　　　52
　オナシカワゲラ科……52
　ヒロムネカワゲラ科……53
　カワゲラ科……54
節足動物門　昆虫綱　カメムシ目　　　55
　アメンボ科……55
　イトアメンボ科……57
　ミズカメムシ科……58
　ミズムシ科……59
節足動物門　昆虫綱　ヘビトンボ目　　　60
　センブリ科……60
節足動物門　昆虫綱　トビケラ目　　　61
　シンテイトビケラ科……61
　シマトビケラ科……62
　カワトビケラ科……64
　ヒゲナガカワトビケラ科……65
　ヒメトビケラ科……66
　ナガレトビケラ科……67
　ツノツツトビケラ科……67
　ニンギョウトビケラ科……68

カクツツトビケラ科……69
ヒゲナガトビケラ科……70
ケトビケラ科……71

節足動物門　昆虫綱　ハエ目　　　72
ガガンボ科……72
アミカ科……74
チョウバエ科……75
ユスリカ科……76
ナガレアブ科……78
ヤチバエ科……79

節足動物門　昆虫綱　コウチュウ目　　　80
ゲンゴロウ科……80
ミズスマシ科……83
ガムシ科……84
ドロムシ科……86
ヒメドロムシ科……87
ヒラタドロムシ科……90
ナガハナノミ科……91

用語解説　　93

生物名索引
学名　　97
和名　　100

装丁　中野　達彦
カバーイラスト　北村　公司

この本の使い方

　沖縄島をはじめとする琉球列島は，本州などとかなり違った河川や池沼の水生生物が棲んでいます．河川や池の底で生活している生物をベントス（底生動物）といいますが，この仲間にも琉球列島に独特の生物は少なくありません．環境省や国土交通省が作っている「全国水生生物調査の手引き」などでは，琉球列島の生物の名前を知るのは難しいと思います．この本では，一番最初の見開き（2～3ページ）に主なベントスを載せ，グループがわかるようにしました．次にそれぞれの仲間の代表的な生物の写真を並べて，その特徴が確認できるようにしました．さらに詳しい生物の写真や説明は，それぞれの仲間のページを見てください．ここにでてくる琉球列島の生物を使って，水のきれいさ（水質）を調べるのにはまだ確実な方法はありません．それでも多くの種類（種あるいは属や科）が出てくれば，水質だけでなく他の環境もよい健康な河川としていいでしょう．本州とは種類や生活の仕方の大きく違う琉球列島の水質と水生生物の関係は，みなさんが資料を集めてはじめてわかることです．

　正確な分類のために，使っている言葉がかなり難しくなりました．そのために用語の説明（用語解説：p.93～96）をできるだけ付けました．大きさは書かなかったのですが、白黒の目盛の単位は 1 mm です．大きさの参考にしてください．

生物の仲間調べ

　皆さんが手にした生物の名前を調べようというとき，いったいどこから調べればよいのか，見当もつかないこともあるでしょう．ここから2ページにわたって，この本に載せてある生物のうち代表的なものを並べてみました．自分が手にした生物と，この仲間調べのページを比較することによって，その生物が大体どのグループに入るのか，見当をつけるのに役立つこともあるかと思います．その次には，それぞれのグループの写真と説明が，4〜17ページにあります．それで，大きな仲間分けに間違いがないか確認してください．

　さらに詳しい説明と種名などは，その後のページにあります．そのページでは種や種類（属や科）を決められることが多いと思います．ただし，この本に載っている種や種類は，琉球列島の底生動物のごく一部です．＊＊によく似た種としか決められないこともあります．その時は，どこが違っているか，どの部分がはっきりしないので決定できなかったかを，メモしておいてください．

　この本を使うにあたって注意してほしいことがあります．それは，この本には沖縄に棲んでいる生物のごく一部しか出ていない，ということです．また，説明も確実に名前を調べることができるほど詳しくありません．名前調べがうまくいかないときもよくあると思いますが，疑問が残るときは，「このような点で本書のこの種に似ているが，ここが違う」，というように記録してほしいのです．

巻貝類　　　　　　　　　　　　　　　　　　　p.21

ソフトクリームのような，尖った，らせん状の先端部分（螺塔）が目立たない

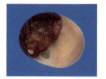

アマオブネガイ科
コハクカノコガイ科

大きさ10〜30mm程度．

殻に渦巻きがなくドーム状．大きさ20〜30mm程度．
フネアマガイ科

殻の巻きが平面的．大きさ5mm前後．
ヒラマキガイ科

貝殻が細長い（螺塔が高い）

螺塔
体層

トゲカワニナ科

20〜30mm，大きなものでは90mmほどになる．

その他の巻貝類

殻口

大きさ5mm以下．殻口が小さい．
ミズゴマツボ科

大きさ5mm前後．
カワザンショウガイ科

大きさ最大で20mm程度．

大きさ5〜30mm程度．殻は左巻き．

殻は薄くまだら模様が透けて見えることがある．

モノアラガイ科　　　　　サカマキガイ科

4

ウズムシ類，ミミズ類　　　　　　　　　　p20・28

大きさ数 mm から 20 mm 程度．

体が平たい．
伸び縮みせず滑るように動く．

背面前方に眼がある．

サンカクアタマウズムシ科
（いわゆるプラナリア類）

大きさ数 mm から 20 mm 程度．

細長く，伸び縮みして動く．

各体節に剛毛[1]がある．

ミズミミズ科

エビ，カニ類　　　　　　　　　　　　p.31

5対ある脚のうち，前から1番目と2番目の脚の先端が，はさみになる．
はさみの先端（赤円内）にほうきのように毛が生える．

　　　ヌマエビ科

5対ある脚のうち，前から1番目と2番目の脚の先端が，はさみになる．
前から2番目のはさみ脚が特に大きい．

　　　テナガエビ科

- 渓流，陸上に棲む．
- 甲羅の幅は20〜40mm程度．

　　　サワガニ科

- 主に河川の中流や下流に棲む．海と河川を往復する．
- 甲羅の幅は80mm以上になる．
- はさみ脚のはさみ部分に毛が生える．

　　　モクズガニ科

ミズダニ類

体の大きさは共に 1 mm 程度.

体は比較的平たく表面が硬い.
ケイリュウダニ科

体は丸く柔らかい.
よく泳ぐ.
オヨギダニ科

カゲロウ類 p.39

- 細長く小さい（体長 10 mm 以下のものが多い）．
- 尾は2本のものと3本のものがいる．

コカゲロウ科

- 体は細長くやや平たい．
- 体長 20 mm 以下．

鰓は2分岐，3分岐，もしくは葉状の鰓の周縁が多数の糸状突起になるものがある．

トビイロカゲロウ科

- 平たい体をしている．
- 体長 5～20 mm 程度のものが多い．
- 尾は2本のものと3本のものがいる．

ヒラタカゲロウ科

- 体は細長い．
- 比較的大型（30 mm 程度になる）．

腹部各節からくし状の鰓² が背面を覆うように生える．

モンカゲロウ科

- 体長 5 mm 程度．

腹部前半の左右を四角い鰓が覆う．

ヒメシロカゲロウ科

カワゲラ類 p.53

フサオナシカワゲラ属では頸部[3]に房状の鰓がある．
体長10mm．
オナシカワゲラ科

体長15mm程度．
体は平たく，特に胸部が幅広い．
ヒロムネカワゲラ科

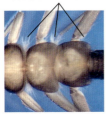

各脚の基部周辺にふさ状の鰓がある．

体長20mm以上に達する種を含む，比較的大型のカワゲラ類．
カワゲラ科

カワゲラとカゲロウの違い

- カワゲラは腹部に鰓がない．カゲロウは腹部に鰓がある．
- カワゲラの尾は例外なく2本．カゲロウは尾が3本のものが多い．
- カワゲラの脚の先端の爪は2つ．カゲロウの脚の先端の爪は1つ．

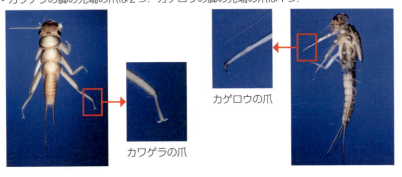

カゲロウの爪

カワゲラの爪

トンボ類　　　　　　　　　　　　　　　p.46

体の後端に3つの鰓をもつ

触角[4]の第1節が長い．
体長25〜30 mm になる．

カワトンボ科

触角の第1節が短い．
体長約20 mm になる．

尾は袋状で先端が細い．
ミナミカワトンボ科

下唇[5]（餌をとるときに飛び出す部分）先端がバスケット状になっており顔の前面下部を覆う

体の大きさに対して脚が長い．
体長20〜30 mm になる．
エゾトンボ科

脚が比較的短い．
体長20〜30 mm になる．
トンボ科

触角の先の方の節（第3節）が棒状あるいはへら状で大きくなる．
体長20〜30 mm になる．

サナエトンボ科

水生カメムシ類　　　　　　　　　　　　　　p.55

- 中脚と後脚[6]が特に長く，4本の脚が目立つ．
- 体長10 mmになる．
- 水面をすばやく滑走できる．

　　　　アメンボ科

- 6本の長い脚をもつ．
- 体長10 mmになる．
- 頭部が細長く眼が頭部の中ほどにある．
- 水面をゆっくり歩くように移動する．

　　　　イトアメンボ科

ウンカのような体形に，オールのような長い後脚と尖った口をもつ．

　　　　ミズムシ科

- 水面をすばやく走る体長2〜3 mmの小さな昆虫．
- 緑がかった色を呈するものが多い．

　　　　ミズカメムシ科

11

トビケラ類　　p.61

前胸の背面のみがキチン[7]の板で広く覆われ，中胸，後胸は膜質

第9腹節背面にキチン板がある

キチン板

- 体長15mm程度のものが多い．
- 巣を作らない．

ナガレトビケラ科

第9腹節背面は膜質

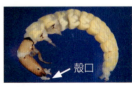
殻口

- 体長20mmになる．
- 上唇は膜質で先端の幅が広い．
- 頭胸部は前胸後縁の黒色部分を除いて黄色で斑紋はない．
- 泥などでチューブ状の柔らかい巣を作る．

カワトビケラ科

- 体長40mmほどに達する．
- 円筒形の長い頭部が特徴．
- 頭胸部は黄褐色の地に黒色の斑紋がある．
- 川底の礫間等に小石をつづって巣を作る．

ヒゲナガカワトビケラ科

前胸と中胸の背面がキチンの板で広く覆われる　後胸は膜質もしくは小さなキチン板が散在

後胸背面が膜質

後胸背面にキチンはない．

- 砂粒を固めて作った角状の巣をもつ．
- 体長5mm程度になる．

ツノツツトビケラ科

後胸背面に小さなキチン板が散在

- 中胸の両側にあるキチン板が前方に突出する（赤矢印）．
- 小石で作られた筒巣[8]をもつ．
- 体長10〜15mm程度になる．

ニンギョウトビケラ科

- 正方形に切り取った落ち葉を四角錐につづった巣を作る．
- 体長10〜15mm程度になる．

カクツツトビケラ科

- 尾肢[9]上に30本以上の毛がある．
- 砂粒を固めて作った角状の巣をもつ．
- 体長10〜15mm程度になる．

ケトビケラ科

- 触角が頭部前縁にある.
- 眼の下に頭のキチン板を上下に分けるすじがある.
*いずれも確認が難しい. 後胸背面が膜質の種もいる.

ヒゲナガトビケラ科

後胸のキチン板

後胸にはやや細長いキチンの板が左右にあり, 後方で後ろに広がる黒いすじがある.

シンテイトビケラ科
ニセスイドウトビケラ属

前胸, 中胸, 後胸の背面がキチンの板で広く覆われる

腹節腹面にふさ状のえらがある.
尾肢にふさ状の長い毛がある.

- 体長15〜20 mm 程度になる.
- 川底の礫間等に小石をつづって巣を作る.

シマトビケラ科

- 体長2 mm 前後の小さなトビケラ.
- ヒメトビケラ属は眼鏡ケースのような筒巣をもつ.

ヒメトビケラ科

ヘビトンボ類　　　　　　　　p.60

体長15 mm 程度になる. 大きな頭と強い大顎[10]をもった昆虫.

体の末端に1本の細長い尾のような突起がある.
各腹節の両側に細長い鰓がある.

センブリ科

13

ハエ，カ類 p.72

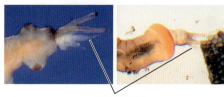

呼吸盤突起

- 体長は10 mm 程度から，大きなものでは50 mm ほどになる．
- 体の後端に呼吸盤突起[11]と呼ばれる数本の突起をそなえる．
- 硬い頭部をあるが，胸部に引き込まれて目立たないことが多い．

ガガンボ科

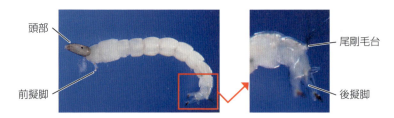

頭部　前擬脚　尾剛毛台　後擬脚

- 体長は数ミリから10 mm 程度のものが多い．
- 硬い頭部がある．
- 擬脚[12]が頭部の直後と体の後端部に2つずつある．擬脚の先端には棘が密生する．
- 体の後端の左右に尾剛毛台と呼ばれる突起があり，その上に長い毛がある．

ユスリカ科

背面　　　　　　　腹面

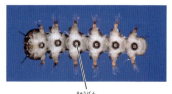

吸盤

体長10 mm 以下．丸みを帯びたワラジムシのような体形で，6あるいは7つの体節に分かれる．

腹面には6つの吸盤が一列に並ぶ．

アミカ科

腹部には全部で15本の擬脚がある. 体の両側および後端に細長い突起がある(矢印).

ナガレアブ科

体長5mm程度. 体の後部に硬いキチンに覆われた呼吸管がある.

チョウバエ科

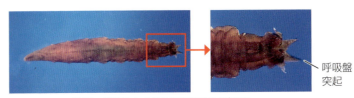

呼吸盤突起

ガガンボ類によく似た呼吸盤突起がある.

ヤチバエ科

コウチュウ（甲虫）類　　　　　　　　　　　　　p.80

触角は細長い

- 大きさは数ミリから40 mm 程度とさまざま．
- つやのある楕円形の体，オールのような後脚，細長い触角が特徴．

ゲンゴロウ科

腹面

- 大きさは5 mm 程度．オオミズスマシ類は約20 mm．
- つやのある体と長い前脚，短くオールのように変形した中脚と後脚をもつ．

ミズスマシ科

小顎髭　　触角

頭部腹面

- 大きさは数ミリから40 mm 程度．
- 触角は先端が太くなる．発達した小顎髭[13]をもつ種が多い．

ガムシ科

触角
小顎髭
頭部腹面

- 大きさは3 mm 程度．
- 眼の下に，くし状をした短い触角がある．

ドロムシ科

腹面

- 大きさは1〜3mm程度の小さな甲虫.
- 体に比べて大きめの脚と爪をもつ.

ヒメドロムシ科

腹面

- 大きさ15mm程度になる.
- 傘を伏せたような形をした幼虫.

ヒラタドロムシ科

腹面

- 大きさ10mm程度の円筒形をした幼虫.
- ヒメヒゲナガハナノミ属では体の両側に毛が密生する.

ナガハナノミ科

各科の解説

扁形動物門　有棒状体綱　三岐腸目
サンカクアタマウズムシ科 Dugesiidae

細長く薄い体をもつ．頭部は三角形をしており，頭部背面に一対の眼（眼点[14]）がある．滑るように動き回る．

頭部基部に張り出しがある

一対の眼点がある

ナミウズムシ属の一種 *Dugesia* sp.

比較的水質の良好な河川に分布，肉食性である．琉球列島にはナミウズムシ *D. japonica* Ichikawa & Kawakatsu, 1964とリュウキュウナミウズムシ *D. ryukyuensis* Kawakatsu, 1976が分布する．この2種は染色体[15]数で区別されるが，形態的な区別は難しい．

軟体動物門　腹足綱　アマオブネガイ目

アマオブネガイ科 Neritidae

螺塔が低く，丸みを帯びた殻をもつ．殻は厚く頑丈．大きさ数ミリの，白く平たい卵のう[16]を生息場所の石の上や，殻の上に産み付ける．

殻には小さな三角形の模様が並ぶ

色彩には変異がある

イシマキガイ　*Clithon retropicta* Martens, 1879

汽水[17]域の上流部から純淡水域の下流部に生息する．本州中部以南から，琉球列島に分布する．国外では台湾に分布する．

細く黒い筋が密に並んだ細かい縞がある

形はイシマキガイに似る殻に突起をもつことがある

スジシマイガカノコガイ　*Clithon* sp.（学名未決定）

池沼，河川，水路などに広く生息する．鹿児島県南部以南，琉球列島に分布する．国外では亜熱帯から熱帯に広く分布する．

21

フネアマガイ科 Septariidae

殻はドーム状で，らせん形を成さない．裏返すと，殻頂(かくちょう)（ドームの頂点）の下に板状の構造がある．アマオブネガイ科と同様の卵のうを産む．

イシマキガイと同様の，小さな三角形が密に並ぶ模様がある

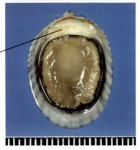

隔板

殻に卵のうを付けた個体

フネアマガイ *Septaria porcellana* (Linnaeus, 1758)

汽水域上限付近から淡水域の中・下流に生息する．奄美大島以南の琉球列島，小笠原に分布するが，本州・四国の太平洋沿岸の一部でも見られるようになった．

コハクカノコガイ科 Neritiliidae

アマオブネガイ科の1グループとされることが多かったが，近年の研究によりアマオブネガイ科とは別の科とされている．淡水のほか，海底洞窟や地下水に棲む体の小さな種からなる．

 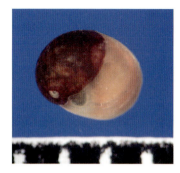

コハクカノコガイ *Neritilia rubida*（Pease, 1865）

殻径[18]は成貝でも5 mm程度と小型の種である．河川汽水域の上流側や汽水域直上の淡水域の礫場や転石下に付着して生息する．沖縄島以南に分布する．
環境省レッドリストカテゴリー：準絶滅危惧
沖縄県レッドデータブックカテゴリー：準絶滅危惧

軟体動物門　腹足綱　新生腹足目

トゲカワニナ科　Thiaridae

細長い巻貝．蓋は革質で，一端がやや尖った楕円形．蓋には渦巻き模様があり，その中心（核）は下方にある．カワニナ科とよく似ており区別は難しいが，外套膜[19]周縁に突起を有するのがトゲカワニナ科の特徴とされる．卵胎生[20]と卵生[21]の種があり，単為生殖[22]をする種もある．

外套膜の突起

ヌノメカワニナ *Melanoides tuberculatus* (Müller, 1774)

池沼，河川，水路などに広く生息する．鹿児島県南部以南，琉球列島に分布する．国外では亜熱帯から熱帯に広く分布する．
環境省レッドリストカテゴリー：準絶滅危惧

スグカワニナ *Stenomelania uniformis* (Quoy & Gaimard, 1834)

日本産カワニナ類としては大型で，殻高90 mmに達する．卵生，両側回遊性[23]で淡水中で孵化した幼生が海へ下って成長し，河口付近で着底した後に川を遡上すると考えられる．成貝は河川汽水域の上流側や汽水域直上の淡水域の泥底に生息する．奄美大島，沖縄島，八重山諸島に分布する．
環境省レッドリストカテゴリー：絶滅危惧I類
沖縄県レッドデータブックカテゴリー：絶滅危惧IB類

カワザンショウガイ科 Assimineidae

卵型から，やや太い円錐形．蓋は革質．眼は眼柄[24]と呼ばれる触角状の突起の先端にある種が多い．

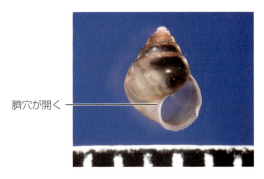

ウスイロオカチグサガイ *Paludinassiminea debilis*（Gould, 1859）

水田の畔や川岸，湿地などの湿潤な場所に生息する．奄美諸島以南の琉球列島に分布するとされていたが，近年は本州，四国などにも人為的に移入されている．

ミズゴマツボ科 Stenothyridae

殻高は数ミリ程度と小さい．殻の形は卵型．体層[25]に比べて殻口が小さくすぼまった特徴的な形態を有する．

オキナワミズゴマツボ *Stenothyra basiangulata*（Mori, 1938）

水田，湧水や小水路に生息する．沖永良部島以南の琉球列島に分布する．
環境省レッドリストカテゴリー：準絶滅危惧

軟体動物門　腹足綱　汎有肺目

モノアラガイ科 Lymnaeidae

体層と殻口が大きく，螺塔[26]は比較的小さい．殻は薄くこわれやすい．蓋はない．触角は三角形で，触角の根元に眼がある．

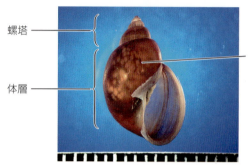

螺塔

体層

鹿の子模様が透けて見える（他のモノアラガイ類およびサカマキガイにも見られる）

ヒメモノアラガイ *Fossaria ollula*（Gould, 1859）

水田や小水路に生息する．琉球列島を含めた日本各地に分布する．よく似た外来種も侵入しており，これらと交雑している可能性もある．

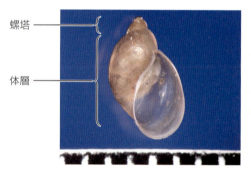

螺塔

体層

螺塔と体層の比はモノアラガイ *Lymnaea auricularia*（Linnaeus, 1758）に近いが，モノアラガイに比べて細身な印象がある

ハブタエモノアラガイ *Pseudosuccinea columella*（Say, 1817）

ため池や浅い水路の水面近くに生息する．関東から中国・四国地方や，琉球列島に分布する．明らかに外来種と思われる．

サカマキガイ科 Physidae

殻の形や質はモノアラガイ科に似るが，サカマキガイ科は巻きが左巻きである．蓋はない．また，触角もモノアラガイ類と異なり細い鞭状である．汚染に比較的強いとされる．

モノアラガイ類と同様の鹿の子模様が見える

触角は細い鞭状

左巻き（殻口が左側にくる）

サカマキガイ *Physa acuta* Draparnaud, 1805

水田，ため池，小水路などの人工的な水域に多く生息している．有機汚濁[27]に強い．ヨーロッパ原産とされるが，琉球列島を含む世界各地に侵入している．

ヒラマキガイ科 Planorbidae

大きさ数ミリ程度の小さな巻貝．多くの種では，殻が平たく巻いており円盤状．殻は比較的薄く，蓋はない．

ヒラマキミズマイマイ *Gyraulus chinensis spirillus* Dunker, 1854

池沼，水路，水田などの止水環境に生息する．琉球列島を含めた日本各地に分布する．よく似た外来種も日本各地に侵入している．

環境省レッドリストカテゴリー：情報不足
沖縄県レッドデータブックカテゴリー：準絶滅危惧

環形動物門　環帯綱　イトミミズ目
ミズミミズ科 Naididae

大きさ数 mm 程度の小さな種を多く含む．近年の分類体系の変更により，かつてイトミミズ科とされていた種が，ミズミミズ科に統合された．オヨギミミズ科やヒメミミズ科などの他の小型ミミズ類と同様，背側と腹側の左右に，剛毛の束をもつ．正確な同定には生殖器官や剛毛の詳細な観察が必要である．

眼点がある

第6体節以降の各体節の背側剛毛束には，細長い毛状の剛毛がある

ナミミズミミズ *Nais communis* Piguet, 1906

河川で最も普通に見られるミズミミズ類の1つで上流から中流の礫底に広く出現する．琉球列島を含めた日本各地に分布する．国外でも汎世界的に分布する．

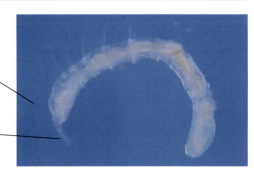

第2体節以降の背側の剛毛束には，細長い毛状の剛毛がある
第3体節の剛毛束（前から2番目の剛毛束）の毛状剛毛は特に長い

体の前端には，吻と呼ばれる細長い突起がある

トガリミズミミズ *Pristina longiseta* Ehrenberg, 1828

主に河川の緩流部や湖沼などの止水域から採集される．琉球列島を含めた日本各地に分布する．国外でも汎世界的に分布する．

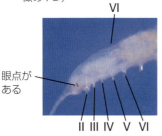

背側の剛毛は第6体節以降にある．背側の剛毛束には，細長い毛状の剛毛が含まれる

背側の剛毛は第6体節以降にある（ミズミミズ類に多く見られる特徴の1つ）

眼点がある

腹側剛毛は第2体節以降にある（ミミズ類一般の特徴）

長い吻がある

テングミズミミズ *Stylaria fossularis* Leidy, 1852

主に湖沼などの止水域の沈水植物などの植物表面から採集される．北海道などの北方に分布する *S. lacustris* に似るが，口前葉[28]基部の形態から区別ができる．琉球列島を含めた日本各地に分布する．国外でも汎世界的に分布する．

節足動物門　クモ綱　ダニ目

ケイリュウダニ科 Torrenticolidae

渓流[29]などの流水に主に生息するダニのグループ．体は平たく，体表は厚くクチクラ[30]化しており，脚は前曲がりで，頑丈な爪を有する等の特徴がある．あざやかな色彩を呈するものが多い．

ケイリュウダニ属の一種 *Torrenticola* sp.

主に河川の中流から上流にかけて生息する．体長は 1 mm 程度と小さい．この属は琉球列島を含めた日本各地に分布する．

オヨギダニ科 Hygrobatidae

沼や流れの緩い河川に多く見られる．体は丸く，膜質で柔らかいものが多い．水中の植物の上などに見られ，水中を泳ぐこともある．

マガリアシダニ属の一種 *Atractides* sp.

主に河川の中流から上流にかけて生息する．この属は琉球列島を含めた日本各地に分布する．体長は 1 mm 程度と小さい．

節足動物門　軟甲綱　エビ目

ヌマエビ科 Atyidae

5対ある歩脚[31]のうち，一番前の脚，およびその次の脚の先端がはさみとなる（テナガエビ科も同様）．はさみの先端に毛の房がある．

褐色で白い横縞のあるタイプ（写真左上，上）と薄赤で白い縦縞のあるタイプ（左）がいる．
外観のみの観察ではヒメヌマエビとの区別は困難

額角
額角[32]と棘

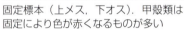

固定標本（上メス，下オス）．甲殻類は固定により色が赤くなるものが多い

コテラヒメヌマエビ *Caridina celebensis* De Man, 1892

小卵多産種[33]で，主に河川の下流域に生息する．ヒメヌマエビ *C. serratirostris* De Man, 1892に非常に似るが，第1歩脚基節の鰓が本種にはないこと等で区別できる．奄美大島，沖縄島，与那国島に分布する．国外では中国，フィリピン，インドネシアなどにも分布する．

31

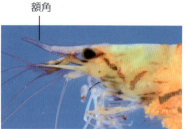

額角

額角は第1触角基節の先端を越えるほど長く，また額角の上縁と下縁に細かい歯が多数あるのが特徴

ツノナガヌマエビ *Caridina grandirostris* Edwards, 1837

小卵多産種で，主に河川の中流域に生息する．次のミゾレヌマエビに似るが，肛門前方の隆起に棘があることなどで区別できる．沖縄島，石垣島，与那国島に分布．九州以北にも分布する．国外では台湾にも分布する．

額角

ツノナガヌマエビと同様,額角の上縁と下縁に細かい歯が多数あるが,額角の長さはツノナガヌマエビよりもやや短い

上オス,下メス

ミゾレヌマエビ *Caridina leucosticta* Stimpson, 1860

小卵多産種で,主に河川の中流域に生息する.ツノナガヌマエビに似るが,肛門前方の隆起に棘がないことなどで区別できる.本州北部より南の日本列島から,琉球列島に広く分布する.

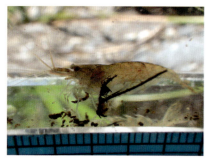

額角

額角は第1触角柄部よりも短く，上縁と下縁に歯がない

上オス，下メス

トゲナシヌマエビ *Caridina typus* Edwards, 1837

小卵多産種で，河川の下流から上流まで広く生息する．琉球列島を含めた日本各地（太平洋側の千葉県以南，日本海側島根県以南）に分布する．

エビ類の同定について

ここでは額角を有効な特徴の1つとして説明してあるが，これだけに頼り機械的に種を決定すると誤同定につながる恐れがある．額角以外のあらゆる部位についても比較したい（これはエビの額角だけの話ではなく，あらゆる生物の同定について注意すべきことである）．

テナガエビ科 Palaemonidae

ヌマエビ科と同様，5対ある歩脚のうち，一番前の脚，およびその次の脚の先端がはさみとなるが，はさみの先端に生ずる毛はわずかで，ヌマエビ類のような密な毛の房はない．また，二番目のはさみ脚が特に大きくなる．

第2歩脚が特に大きくなるのがテナガエビ類の特徴

ミナミテナガエビ *Macrobrachium formosense* Bate, 1868

小卵多産種で，河川の下流域から上流域まで広く生息する．琉球列島全域に分布，台湾，太平洋側では千葉県以南，日本海側では島根県以南の本州，四国，九州に分布．テナガエビ *M. nipponense* (De Man, 1949) に似るが，歩脚の指の節の太さや頭胸部の模様などにより区別できる．

ヒラテテナガエビ *Macrobrachium japonicum*（De Haan, 1849）

小卵多産種で，河川の下流部から中流部に生息する．歩脚の先端になる指節が太短い点や頭胸部側面の模様等により，他種から容易に区別できる．食用として漁獲され高価．琉球列島全域に分布．台湾，太平洋側では千葉県以南，日本海側では島根県以南の本州，四国，九州に分布．

サワガニ科 Potamidae

淡水や陸上での生活に適応したカニ類．海に降りることなく淡水や陸上で一生を送ることができる．琉球列島には10種以上が生息している．

甲羅全体は平らであるが，表面に細かい横筋や顆粒がある

アラモトサワガニ *Geothelphusa aramotoi* Minei, 1973

渓流，上流域に生息する．他のサワガニとは違い，陸域にはほとんど進出しないという．沖縄島，伊平屋島に分布する．

環境省レッドリストカテゴリー：絶滅危惧Ⅱ類
沖縄県レッドデータブックカテゴリー：準絶滅危惧

モクズガニ科 Varunidae

イソガニやヒライソガニなど，海岸でよく見られるカニ類を含むグループ．

はさみ脚のはさみ部分に毛がある．はさみ部分に毛があるカニは他にもケフサイソガニ等がいるが，モクズガニは，はさみ部分の外側表面全体に広く毛が密生する．

モクズガニ *Eriocheir japonica* De Haan, 1835

河口から河川上流部まで広く生息する．成熟すると河口域から海岸で繁殖し，幼体は海に降りる．琉球列島を含む日本全域に分布する．国外ではロシア沿海州，朝鮮半島東岸，台湾，香港などに分布する．

節足動物門　昆虫綱　カゲロウ目
コカゲロウ科 Baetidae

細長い体をした，小型のカゲロウ類．渓流などの流れのある河川に多く見られる．尾が2本の種と3本の種がいる．種が多く，正確な同定には口器[35]等の詳細な観察が必要である．

コカゲロウ類の中では，体はやや平たく短めである

尾は2本

ミナミミジカオフタバコカゲロウ *Acentrella lata*（Müller-Liebenau, 1985）

河川の中流から上流に生息するが，詳しい生態はわかっていない．沖縄島に分布する．国外では台湾に分布する．

全体に薄灰色で，頭部がやや細長い

尾は3本

ヨシノコカゲロウ *Alainites yoshinensis*（Gose, 1980）

河川の源流[36]から上流域に多い．シロハラコカゲロウに比べて小型で，体形や色彩・模様も異なる．北海道から九州，奄美大島，沖縄島に分布する．国外では台湾に分布する．

尾は3本

触角の基部の節に，棍棒状の棘が数本ある（顕微鏡による観察が必要）

腿節[37]の模様が同定の目安となる

シロハラコカゲロウ *Baetis thermicus* Uéno, 1931

幼虫は比較的大型で，流速の大きな瀬にも生息する．水質の良好なところに多い．北海道から九州，奄美大島，沖縄島に分布する．国外では台湾に分布し，河川では個体数も卓越する．

尾は3本で，黒い斑紋がある

上唇[38]前縁にある毛が太いのが特徴（顕微鏡による観察が必要）尾の斑紋，腹部背面や腿節の模様が目安になる

ウスイロフトヒゲコカゲロウ *Labiobaetis atrebatinus orientalis* (Kluge, 1983)

幼虫は比較的大型で，川岸の植生の下などに多い．北海道から沖縄島に分布する．国外ではロシア，韓国，台湾に分布する．腹部背面の模様および大顎の刺毛列の形態や数等により近似種から区別できる．

腹部背面の模様が同定の目安となる

尾は3本で，尾に黒い斑紋はない
正確な同定には，大顎や上唇前縁の毛の詳細な観察が必要

D コカゲロウ *Nigrobaetis* sp. D

河川の中流域に生息する．本州，九州，八重山群島，沖縄島に分布する．腹部背面の模様および大顎の刺毛列の形態や数等により近似種から区別できる．

腹部背面の模様が同定の目安となる

尾は3本で，尾に黒い斑紋はない
正確な同定には，大顎や上唇前縁の毛の詳細な観察が必要

ヒゲトガリコカゲロウ *Tenuibaetis pseudofrequentus*（Müller-Liebenau,1985）

山地渓流，上流域に生息する．奄美大島，沖縄島，八重山群島に分布する．国外では台湾に分布する．腹部背面の模様である程度は種の区別ができる．

ヒラタカゲロウ科 Heptageniidae

平たい体をしたカゲロウ．渓流など流れのある環境に生息する種が多い．尾は2本のものと3本のものがある．正確な同定には，鰓の形，斑紋，小顎等の特徴を観察する必要がある．

タニガワカゲロウ属 *Ecdyonurus* の同定には，小顎腹面の毛の生え方などを確認する必要がある（顕微鏡による観察が必要）．
琉球列島には，まだ研究がなされていないタニガワカゲロウ類が数種存在する．

ミナミタニガワカゲロウ *Ecdyonurus hyalinus*（Ulmer, 1912）

やや流れの緩い瀬から平瀬[39]に生息する．石垣島，西表島に分布する．国外では台湾に分布する．

トビイロカゲロウ科 Leptophlebiidae

細長くやや平たい体をもつカゲロウ．体の色は褐色のものが多い．2本もしくは3本に分岐した鰓を有する．多数の糸状の鰓をもつ種もある．

一番前の鰓は2分岐 後ろの鰓は，葉状の鰓の周縁が多数の糸状突起となる

ウスグロトゲエラカゲロウ *Thraulus fatuus* Kang & Yang, 1994

河川の流れの小さなところに生息している．沖縄島に分布する．国外では台湾に分布．幼虫でのみ記載され成虫はわかっていない．

モンカゲロウ科 Ephemeridae

細長い体をした，比較的大型のカゲロウ．河川の砂底に穴を掘って棲む．腹部背面にふさ状の鰓を備える．

体色は黄色っぽい

腹部背面をふさ状の鰓が覆う

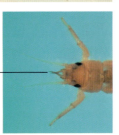
大顎が前方に突出する
大顎は左右が交差するように湾曲している

腹部背面の模様は，沖縄に産しないトウヨウモンカゲロウに似る

タイワンモンカゲロウ *Ephemera formosana* Ulmer, 1919

河川の淵などの砂底に生息している．沖縄島，八重山群島に分布する．国外では台湾に分布する．トウヨウモンカゲロウ *E. orientalis* McLachlan, 1875. は日本主島の他，中国，韓国，モンゴル，ロシアに広く分布する．

ヒメシロカゲロウ科 Caenidae

小型のカゲロウ．やや太短い体形をしている．腹部第1節の鰓は細長い糸状，第2節の鰓は大きな四角形で，腹部背面を広く覆う．河川の比較的緩やかな流れの部分に生息する．

この写真では見えづらいが，腹部の第1節には糸状の鰓がある（下図矢印）

腹部第2節の鰓は四角で，腹部背面を広く覆う

ヒメシロカゲロウ属の一種 *Caenis* sp.

河川の岸よりなどの流れの小さなところに生息している．本州などの種も含めて分類学的な研究は不十分．

節足動物門　昆虫綱　トンボ目
カワトンボ科 Calopterygidae

細長い体をもつトンボ類のうちでも比較的大型の種を含む．青，褐色，橙など，色のついた美しい翅をもつ種が多い．幼虫はイトトンボ類と同様，尾に3枚の鰓（尾鰓[40]）をもつが，触角が長いという特徴をもつ．

尾に3枚の尾鰓がある

触角は第一節（根元の節）が特に長く，触角全体が長大になる

リュウキュウハグロトンボ *Matrona basilaris japonica* Förster, 1897

山地渓流や水草の繁茂する清流に生息する．水質の良好な河川に多い．成虫は基部が青く輝く黒い翅をもち，非常に美しい．奄美大島，徳之島，琉球島に分布する．幼虫は本州，四国，九州などに分布するハグロトンボに似るが，触角第1節と頭幅の比の違いで区別できる．

ミナミカワトンボ科 Euphaeidae

成虫はカワトンボ類を小型にしたような外観をもつ．幼虫はカワトンボ類とは異なり，触角の第1節が長くない．

触角の第1節は長くない
幼虫の体は平たい
3本の袋状の尾鰓

幼虫は同じ科のチビカワトンボおよびヤマイトトンボ科のオキナワトゲオトンボ等によく似ており，区別は難しい

オス成虫の後翅は，先端部寄りの半分が黒く，基部寄りの半分が赤紫色に輝く

コナカハグロトンボ *Euphaea yaeyamana* Oguma, 1913

山地渓流から河川下流域まで生息し，流れの早い瀬に生息する．特徴的な尾鰓とともに，流速の大きい場所に棲むという，トンボ類幼虫としては特異な生態をもつ．石垣島，西表島に分布する．台湾に生息するナカハグロトンボと近縁な種である．
沖縄県レッドデータブックカテゴリー：絶滅のおそれのある地域個体群（石垣島）

サナエトンボ科 Gomphidae

成虫は，黒地に黄色の斑紋をもち，左右の複眼41は互いに接することなく，狭い隙間によって分けられている．幼虫は流水から止水にわたる広い範囲で見られ，触角の先から2つ目の節（第3節）がへら状，もしくは棒状，うちわ状であるのが特徴である．

触角の第3節がへら状（サナエトンボ科の特徴）

写真は共に若齢幼虫

脛節先端に突起があるのが特徴の1つであるが，正確な同定には，口器等の細かい特徴を観察する必要がある

オキナワサナエ *Asiagomphus amamiensis okinawanus*（Asahina, 1964）

山地渓流の砂泥底に生息し，河床や落葉堆積42に潜っている．沖縄島北部に分布．近縁亜種 *A. a. amamiensis*（Asahina, 1962）が奄美大島に，近似種の *A. yayeyamensis*（Matsumura in Oguma, 1926）が八重山群島に分布する．
環境省レッドリストカテゴリー：準絶滅危惧
沖縄県レッドデータブックカテゴリー：準絶滅危惧

触角第3節はうちわ状によく広がる
中央部が窪み，スプーン状になる

オキナワオジロサナエ *Stylogomphus ryukyuanus asatoi* Asahina, 1972

森林のある山地渓流に生息し，砂泥底や落葉堆積に潜っている．沖縄島と慶良間諸島に分布する．近縁亜種のチビサナエ *S. r. ryukyuanus* Asahina, 1951が九州の一部と奄美大島などに分布する．
沖縄県レッドデータブックカテゴリー：準絶滅危惧

エゾトンボ科 Corduliidae

成虫は，胸部に緑がかった金属光沢が目立つもの（エゾトンボ類）と，黒地に黄色の斑紋をもつもの（ヤマトンボ類）がある．幼虫は体の大きさに比べて脚が長いものが多く，特にヤマトンボ類の幼虫はクモを思わせるほど脚の長さが目立つ．

体の大きさに比べて脚が長い

頭部中央に突起がある（コヤマトンボ属の特徴）

オキナワコヤマトンボ *Macromia kubokaiya* Asahina, 1964

森林に囲まれた山地渓流に生息する．落葉堆積に潜っていることが多い．沖縄島北部に分布する．近縁種のタイワンコヤマトンボ *M. clio* とヒナヤマトンボ *M. urania* が，石垣島と西表島に分布する．

環境省レッドリストカテゴリー：準絶滅危惧
沖縄県レッドデータブックカテゴリー：準絶滅危惧

トンボ科 Libellulidae

いわゆるアカトンボを含むグループ．中型のトンボ類で，赤，青，黄，白などさまざまな色彩の種が含まれる．トンボ類のうちでは最も繁栄しているグループで，日本産トンボ類のうち約1/3がこの科に属する．幼虫は，比較的短い体をもつ．

腹部第8節，第9節の側棘が大きい

腹部背面に背棘がない

タイリクショウジョウトンボ *Crocothemis servilia servilia* Drury, 1770

主に平地から丘陵地の池沼，湿地，小水路などの止水域に広く分布する．トカラ列島以南の琉球列島に分布．

体の表面は滑らかで毛が少ない

腹部第8節，第9節の側棘が大きい

腹部背面に背棘がない

上記の特徴は，ハネビロトンボ類にも見られる

ウスバキトンボ *Pantala flavescens* (Fabricius, 1798)

主に平地から丘陵地の池沼，湿地，小水路などの止水域に広く分布する．世界の熱帯，亜熱帯域に広く分布する．繁殖を繰り返しながらはるばる北海道まで北上するが，寒さに弱く，琉球列島よりも北の地域では冬に死滅する．

節足動物門　昆虫綱　カワゲラ目

オナシカワゲラ科 Nemouridae

小さな体のカワゲラ類．源流，渓流，中流域，さまざまな標高の細流[43]など，多様な環境に生息する．

粘液を分泌し，体の表面に泥などを付着させる種もある

カワゲラ類は2本の尾をもつ

頸部にふさ状の鰓がある
（フサオナシカワゲラ類の特徴）

フサオナシカワゲラ属の一種 *Amphinemura* sp.

中小河川や細流の緩流部，特に落葉堆積に多く生息する．琉球列島の本属の分類研究は不十分である．よく似たカワゲラに，頸部に鰓のないオナシカワゲラ属 *Nemoura*，クロオナシカワゲラ属 *Indonemoura*，指状の鰓のあるユビオナシカワゲラ属 *Protonemura* がいる．

ヒロムネカワゲラ科 Peltoperlidae

平たく，幅広い体をもつカワゲラ類．渓流や細流など，主に河川上流域に生息する．水しぶきのかかる場所（飛沫帯[44]）の石や落ち葉の上などに見られる．

飛沫帯の石表面を歩く幼虫

飛沫帯の石表面に群れる

飛沫帯の植物を歩く幼虫

平らな体と幅広い胸をもつ
脚の基部に指状の鰓がある

ノギカワゲラ属の一種 *Cryptoperla* sp.

源流から上流の岩盤上の飛沫帯に生息する．水質の清冽な河川に限られる．本属の琉球列島の種については分類学的な検討が不十分である．

カワゲラ科 Perlidae

河川上流部に主に見られる，中型から大型のカワゲラ類．各脚の根元付近にふさ状の鰓があるのが特徴である．

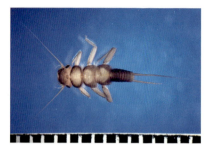

脚の基部付近にふさ状の鰓がある（カワゲラ科の特徴）

単眼[45]が2つある

フタツメカワゲラ属の一種 *Neoperla* sp.

河川の緩流部に生息する．本州などからは4種が記録されているが，未記載種も多い．単眼が2つしかないのが和名の由来．琉球列島の種は，本州などとは別種と思われるが，分類学的研究は不十分．

節足動物門　昆虫綱　カメムシ目
アメンボ科 Gerridae

水生カメムシ目の代表的なグループの1つ．水たまりや水田などの開放的な水面でよく目にするが，渓流や海に生息する種もいる．

写真は短い翅をもつ個体（短翅型[46]）．時に長い翅をもつ個体（長翅型[46]）も現れる

水面に落ちた昆虫類などを摂食する

腹部第7節の後方が棘状になり突出する

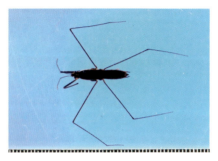

アマミアメンボ *Aquarius paludum amamiensis* Miyamoto, 1958

池沼や河川の緩流部に生息する．離島も含めて琉球列島に広く分布する．琉球列島の固有亜種．

長い翅をもつ個体

丸い斑紋
前胸後縁に淡色の縁取りがある

翅のない個体が多い

ヒメセスジアメンボ *Neogerris parvulus*（Stål, 1859）

水生植物の多い池沼に生息する．琉球列島に分布する．国外では台湾，中国，東洋区[47]，オーストラリア区に広く分布する．

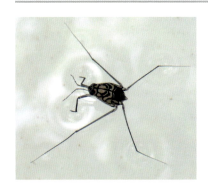

体は太短く，黄色い地に黒い斑紋がある
翅がない個体が多い

タイワンシマアメンボ *Metrocoris esakii* Chen & Nieser, 1993

山地河川に生息する．沖縄島，八重山群島に分布する．国外では台湾・中国に分布する．はっきりした黄色と黒の斑紋をもつ．

イトアメンボ科 Hydrometridae

細長い体をもつアメンボ類．アメンボ科のアメンボ類とは異なり，水面を歩くように移動する．頭部が細長く，眼が頭部の中央付近にある．

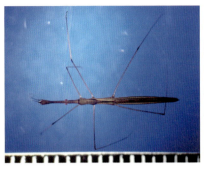

触角の先端の節（第4節）の長さは，第2節とほぼ同じ

短い翅をもつ個体（短翅型）が多いが，時に長い翅をもつ個体（長翅型）も見られる

コビトアメンボ *Hydrometra annamana* Hungerford & Evans, 1934

開放的な水域の水際に生息する．琉球列島全域に分布に分布する．国外では台湾，中国，ベトナムなどに分布する．

前種同様，短い翅をもつ個体（短翅型）が多いが，時に長い翅をもつ個体（長翅型）も見られる

触角の先端の節（第4節）は第2節よりかなり長い
（上の写真では触角が下に傾いているため第4節が短く見えるが，実際は長い）

オキナワイトアメンボ *Hydrometra okinawana* Drake, 1951

琉球列島では，池沼，水田，林内湿地などの多様な水域に生息する．琉球列島全域，本州，四国，九州などに分布する．国外では韓国，台湾に分布する．

ミズカメムシ科 Mesoveliidae

体長数ミリの小さなカメムシ形をした水生昆虫．水生植物の豊富な池に多く生息しており，水面を走ったり，水際の湿った地面の上で生活している．

雌の第9腹板[48]に突起がある

中脚の腿節後縁に棘列がある

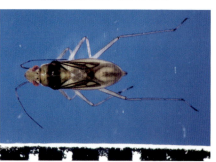

無翅型（左）と長翅型（右）．無翅型が多く見られる

ミズカメムシ *Mesovelia vittigera* Horváth, 1895

水草の多い湖沼や河川に広く生息する．関東以南の本州，四国，九州，琉球列島全域に分布に分布する．国外では北米，南米を除く地理区に広く分布する．

ミズムシ科 Corixidae

水生昆虫としてよく目にするマツモムシ類に近いグループである．珪藻[49]その他の藻類などの汁を吸う．沼などの止水域のほか，河川の緩流部にも生息する．

前胸背板

小盾板[50]（左図白丸内の三角の板）が前胸背板に覆われることなく露出する（チビミズムシ類の特徴）

体は小さく体長は2 mmに達しない

チビミズムシ属の一種 *Micronecta* sp.

河川の淵やワンド[51]などの止水，緩流域に生息する．琉球列島には，ハイイロチビミズムシ *M. sahlbergii*（Jakovlev, 1881），ケチビミズムシ *M. grisea*（Fieber, 1881）など5種が記録されているが，本種はこれらとは別種と考えられる．

節足動物門　昆虫綱　ヘビトンボ目
センブリ科 Sialidae

ヘビトンボ目はウスバカゲロウ類を含むアミメカゲロウ目に近縁なグループとされており，完全変態[52]（蛹を経て成虫になる）を行う昆虫の中では原始的なグループと考えられている．センブリ科の幼虫は水生で，流れの緩い河川や沼などに生息する．

尾が一本であるのがセンブリ科の特徴（ヘビトンボ科は尾が2本ある）

ミナミセンブリ *Sialis sinensis* Banks, 1940

幼虫は湿地や小池沼に生息する．奄美大島，沖縄島に分布する．国外では台湾，中国に分布する．

節足動物門　昆虫綱　トビケラ目

シンテイトビケラ科 Dipseudopsidae

琵琶湖に多産するシンテイトビケラを含むグループ．日本からはシンテイトビケラ以外にも数種知られているが，分類の研究は不十分な状況にある．

砂粒をつづって岩の表面に管状の巣を作る　　巣の入り口から顔を出した幼虫

前胸背面は広くキチン板に覆われる

後胸のキチン板には，後方で外側に広がる黒いすじがある

後胸の背面は，2枚のやや細長いキチン板に覆われる

中胸の背面は，中央の細い部分を除き，大きな2枚のキチン板で覆われる

ニセスイドウトビケラ属の一種 *Pseudoneureclipsis* sp.

幼虫は河川中流から上流の石の表面に回廊状の巣を作って生息する．ニセスイドウトビケラ属は，中胸や後胸の背面にもキチン板があること，付節が幅広くないことで，他のシンテイトビケラ類と異なっている．本州から本属の一種が記録されているが，同種かどうかは不明．

シマトビケラ科 Hydropsychidae

河川に最も普通に見られるトビケラ類の1つである．川底の石の間などに小石をつづって巣を作る．前胸，中胸，後胸いずれの背面もキチン板で広く覆われる，腹節腹面にふさ状の鰓がある，尾肢に長い毛が多数あるなどの特徴がある．

1. 前胸，中胸，後胸のいずれの背面もキチン板で覆われる

2. 腹節の腹面にふさ状の鰓がある

3. 尾肢にふさ状の長い毛がある

頭部を上から見たとき，前端中央に窪みがあるのがコガタシマトビケラ属の特徴の1つ

1，2，3はシマトビケラ科一般の特徴

コガタシマトビケラ属の一種 *Cheumatopsyche* sp.

個体数も多い普通種．石礫間に固着巣と捕獲網を作る．本属の幼虫は，比較的汚濁に強い．成虫では *C. okinawana* Olah & Johanson, 2008 などが記録されているが，他にも複数種が分布，幼虫での区別点はわかっていない．頭部腹面の後方の咽頭板[53]はごく小さい．

ミヤマシマトビケラ属の正確な同定には，頭部腹面の咽頭板の観察が必要で，はっきりとした三角形の後方の咽頭板がある

ミヤマシマトビケラ属の一種 *Diplectrona* sp.

本州などに分布する近縁種は細流に多いが，沖縄島では比較的規模の大きな河川にも生息する．石礫間に固着巣[54]と捕獲網[54]を作る．詳しい分布情報や分類研究は不十分．

頭部全体は褐色であるが，眼の周囲が黄色であることがウルマーシマトビケラの特徴の1つ

ウルマーシマトビケラ *Hydropsyche orientalis* Martynov, 1934

日本の河川では最も普通種．石礫表面に固着巣と捕獲網を作る．奄美大島，沖縄島に分布する．国内では北海道から九州まで広く分布する．国外でも朝鮮半島，ロシア沿海州，モンゴルなどに広く分布．頭部腹面の後方の咽頭板はごく小さい．

頭部背面中央に3個の白斑があり，前方の2個の白斑の外に各1対の白斑があるのがヤエヤマシマトビケラの特徴

ヤエヤマシマトビケラ *Hydropsyche yaeyamensis* Tanida, 1986

他のシマトビケラ属と同様に，石礫表面に固着巣と捕獲網を作って生息している．八重山諸島に分布．

カワトビケラ科 Philopotamidae

細流や水の滴る崖などに柔らかい袋状の巣を作りその中に棲む．上唇(じょうしん)は膜質で前方が広がっているのが特徴．

腹部の色は白っぽい
鰓はない

上唇は膜質で透明
上から見ると，前方
が広い

コタニガワトビケラ属の一種 *Chimarra* sp.

本州などの近縁種は細流に多いが，沖縄島ではやや規模の大きな河川に普通に生息する．石礫間に固着巣を作る．奄美大島から八重山群島に近縁の複数種が分布するが，幼虫では種の区別はできない．

ヒゲナガカワトビケラ科 Stenopsychidae

大型のトビケラで，長い頭部をもつのが特徴．流水域に生息し，シマトビケラ類と同様，川底の石の間に小石をつづって固着巣と捕獲網を作る．

長い頭部をもつ

成長した幼虫

頭部の模様

腹部末端に薄い袋状の4本の鰓がある

若齢幼虫

オキナワヒゲナガカワトビケラ *Stenopsyche schmidi* Weaver, 1987

最も大型のトビケラで，粗雑な網目の捕獲網を作る造網性[55]トビケラ．奄美大島から八重山群島に広く分布する琉球列島固有種．

ヒメトビケラ科 Hydroptilidae

体長数ミリほどの小型のトビケラ．終齢幼虫は袋状の巣を背負う．小河川や湧水などに見られる．多様な種類が含まれる．

眼鏡ケース状の巣をもつ

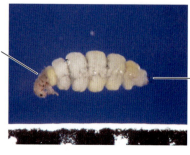

前，中，後胸の背面がキチン板に覆われる（ヒメトビケラ科の特徴）

この写真では見えないが，尾部に3本の細い突起がある(ヒメトビケラ属の特徴)

ヒメトビケラ属の一種 *Hydroptila* sp.

終齢幼虫[56]は，メガネケース状の筒巣を作る．糸状緑藻[57]あるいは細砂を付着させる．本属については7種が琉球列島から記録され，そのうち4種が固有種である．幼虫では種の区別はできない．

ナガレトビケラ科 Rhyacophilidae

巣を作らず川底を歩き回る．主に渓流などの流水に見られる．体が比較的細長く，前胸背面はキチン板で覆われ，中胸，後胸は膜質，腹部第9節の背面がキチン板に覆われる等の特徴がある．種が多く，正確な同定には頭胸部の斑紋や尾肢の形などの詳細な観察を必要とする．

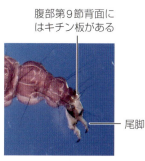

ナガレトビケラ属の一種 *Rhyacophila* sp.

蛹になるまでは筒巣や固着巣は作らない．水質の清冽なところに多い．琉球列島の本属の分類研究は不十分である．

ツノツツトビケラ科 Beraeidae

細かい砂粒を固めて作った細長い角状の筒巣をもつ．河川の緩流部に生息する．

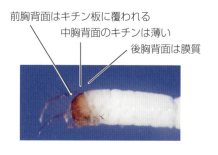

筒巣に入った幼虫

ツノツツトビケラ *Nippoberaea gracilis* Nozaki & Kagaya, 1994.

小型のトビケラで細砂で角状の筒巣を作る．本州などにも分布する．琉球列島では奄美大島からの記録がある．沖縄島からは初記録と思われる．

ニンギョウトビケラ科 Goeridae

小石をつづって巣を作る．巣の両側には大きめの石が付着し，特徴的な外観となる．渓流から中流域の緩流部に見られる．

巣を携えて歩く幼虫

両側の石を手足として人形に見立てた

中胸両側のキチンが
大きく前に張り出す

腹部にはふさ状の細い鰓がある

（ニンギョウトビケラ科一般に見られる特徴）

オキナワニンギョウトビケラ *Goera uchina* Tanida & Nozaki, 2006

砂粒の円筒形の巣に両側に3対の翼石を付けた特徴的な巣を作る．流れの小さな平瀬に多い．沖縄島に分布，奄美には近縁種アマミニンギョウトビケラ *G. akagiae* Tanida & Nozaki, 2006が分布する．

カクツツトビケラ科 Lepidostomatidae

正方形に切り取った落ち葉を角錐状につづった筒巣を作る．種数は多く，河川源流部，河川上流から下流，湿原や湧水など多様な環境に生息する．

頭部は褐色で，数多くの淡色の小円紋がある（カクツツトビケラ類一般に見られる特徴）

ナンセイカクツツトビケラ *Lepidostoma nanseiense*（Ito, 1990）

河川の中流域に分布する．若齢幼虫[58]は細粒で円筒形の筒巣を，成熟幼虫は葉片を長方形に切ったもので，四角柱の筒巣を作る．奄美大島，沖縄島に分布．次の種とともに琉球列島には多くの種が分布している．幼虫では種レベルでの同定は難しい．

巣に入った幼虫

カクツツトビケラ属は若齢ではツノツツトビケラなどによく似た，細かい砂粒を固めた角状の巣を作る．成長の途中で落ち葉の巣に変換する．

カクツツトビケラ類の正確な種の同定には，頭部背面の毛の長さや腹部の鰓の位置等の特徴を詳細に観察する必要がある

リュウキュウカクツツトビケラ *Lepidostoma ryukyuense*（Ito, 1992）

河川の上中流に生息する．若齢幼虫は細粒で円筒形の筒巣を，成熟幼虫は葉片を長方形に切ったもので，四角柱の筒巣を作る．沖縄島に分布．

ヒゲナガトビケラ科 Leptoceridae

トビケラ類は一般に幼虫の触角が非常に短いが，ヒゲナガトビケラ科は比較的長い触角をもつ．植物片や砂粒などを用いた多様な巣が見られる．河川中流の緩流部に多く生息する．

短く切った細い植物片を積み重ねてやや平たい円錐形の巣を作る

大顎が大きい

クサツミトビケラ属の一種 *Oecetis* sp.

砂粒や植物片でやや曲がった円錐形の筒巣を作る．本州などには多くの種が分布する．琉球列島では与那国島から1種だけが記録されているが，さらに多くの種が分布すると思われる．幼虫では種の区別は困難である．

ケトビケラ科 Sericostomatidae

砂粒を固めて作った角状の巣をもつ．河川の緩流部や湖沼の沿岸に生息する．

巣をかついで歩く幼虫

前胸と中胸の背面が広くキチン化する（写真の個体は前胸と中胸が重なっている）後胸には小さなキチン板がある

尾肢上に30本以上の毛がある

グマガトビケラ *Gumaga okinawaensis* Tsuda, 1938

河川の緩流部に生息し，細砂でやや湾曲した円筒形の筒巣を作る．津田松苗[59]博士が沖縄島北部の辺野喜川から新属新種として記載した．本州や沿海州[60]などには近縁種のヤマトグマガトビケラ *G. orientalis*（Martynov, 1935）が分布する．

節足動物門　昆虫綱　ハエ目

ガガンボ科 Tipulidae

成虫は大型のカのような昆虫．幼虫は細長いうじむし型で，河川上流部から止水域，湿地までさまざまな環境に見られる．

写真は蛹

ガガンボ属の一種 *Tipula* sp.

河川の緩流部の落葉堆積などに多い．ガガンボ科の中でも大型で，多くの種が含まれる．幼虫では種までの分類は困難．

背面より見たところ
頭部は体内に入り込む
（ガガンボ類一般に見られる特徴）

2本の呼吸盤突起

帯状のはい回るための構造がある　　尾部の腹側に鰓がある

ウスバガガンボ属の一種 *Antocha* sp.

石礫の表面に絹糸状物質でテント状の固着巣を作る．ガガンボ科では小型で，多くの河川性種がある．琉球列島の種については分類学的な検討は不十分．

72

体表には金色の毛が密生しており、ビロード状

体の後端が風船のように膨らむ
これをアンカー（イカリ）のように用いて砂に潜り込む

呼吸盤突起は4本

ヒゲナガガガンボ属の一種 *Hexatoma* sp.

河床の砂礫間隙に多い．体表がシルク様の光沢をもつ．ガガンボ科では中型で，河川に多くの種がいるが，幼虫では種の区別は困難．

アミカ科 Blephariceridae

成虫は大型のカのような昆虫で，すばやく飛び回る．幼虫は流れの速い渓流や滝の下など，強い流れにさらされる環境に生息するものが多い．腹部には吸盤があり，岩にしっかり吸い付くことができる．

水中の岩にしがみつく幼虫

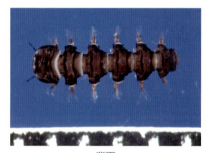

背面

腹面：6つの体節それぞれの腹面中央に丸い吸盤がある

ミナミクチナガアミカ *Apistomyia nigra* Kitakami, 1941

岩盤の滴りや飛沫帯に蛹や幼虫が周年見られる．琉球列島（沖縄島，八重山群島）に分布し，国外では台湾に分布する．

チョウバエ科 Psychodidae

成虫は小さなハエに似ており，体毛が多い．水回りに発生する不快害虫[61]として知られるが，水質の良好な渓流，岩盤上の細流や湿潤区に棲む種もいる．

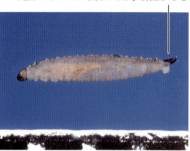

尾部にキチンに囲まれた呼吸管がある　　　　　　　背面にキチン板がある

横から見たところ　　　　　　　　　　　　　上から見る

チョウバエ属の一種 *Psychoda* sp.

チョウバエ科の幼虫の生息場所は，下水溝や汚水溜めといった非常に汚れた水質の場所がよく知られているが，対照的に山間の急流近くの湿潤区にも生息する．本属は汎世界的に分布している．幼虫では種の区別はできない．

ユスリカ科 Chironomidae

成虫は小さなカにそっくりの昆虫であるが、カと異なり吸血することはない。幼虫は河川や湿地、海、土中などあらゆる環境に生息する。種が多く個体数もかなりの数に上ることが多い。正確な同定には、顕微鏡を用いた頭部や口器の詳細な観察が必要.

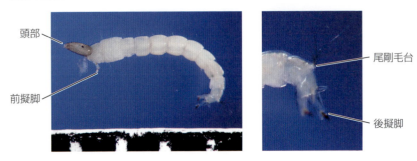

トラフユスリカ属の一種 *Conchapelopia* sp.（モンユスリカ亜科 Tanypodinae）

河川などの流水域や湖沼の植物帯などに生息する。本属は汎世界的に分布している。琉球列島からは2種が記録されているが、幼虫では区別できない。

ツヤユスリカ属の一種 *Cricotopus* sp.（エリユスリカ亜科 Orthocladiinae）

本属は河川などの流水や湖沼の植物帯など幅広い水域に生息する。水生植物に付着していることも多い。本属は汎世界的に分布している。琉球列島からは4種が記録されているが、幼虫では区別できない。

ナガレツヤユスリカ属の一種 *Rheocricotopus* sp.（エリユスリカ亜科）

本属は主に河川などの流水域に生息するが，まれに湖沼などの止水域にも生息する．本属は汎世界的に分布している．琉球列島からは5種が記録されているが，幼虫では区別できない．

ハモンユスリカ属の一種 *Polypedilum* sp.（ユスリカ亜科 Chironominae）

幼虫は水生で河川のよどみや止水域に生息する．本属は汎世界的に分布している．琉球列島からは25種が記録されているが，幼虫では区別できない．

ナガレユスリカ属の一種 *Rheotanytarsus* sp.（ユスリカ亜科）

本属は主に河川などの流水域に生息する．石表面に多少曲がった巣を作り，その中に生息する．本属は汎世界的に分布している．琉球列島からは2種が記録されているが，幼虫では区別できない．

ナガレアブ科 Athericidae

アブ科に近縁とされるグループ．一部の種の成虫は吸血するとされる．幼虫は渓流などの流水に生息する．腹部に多数の脚（擬脚），体側に多数の肉質突起をもつ．

硬い殻状の頭部はない

体側および体の後端に肉質突起がある

腹部1～8節に2本ずつ擬脚がある
最後部の肢は左右が融合するため擬脚は全部で15本

ホソナガレアブ属の一種 *Suragina* sp.

幼虫は水生で主に河川中流から上流に生息する．本属は沖縄からウルマナガレアブ *S. uruma* Nagatomi, 1985が知られているが，本種の幼虫と蛹は未知である．

ヤチバエ科 Sciomyzidae

幼虫はカタツムリやナメクジ，水生貝類を捕食，もしくは寄生する．ひだのある体，体の後端にある呼吸盤などが一見ガガンボ類に似るが，硬い頭部がない点でガガンボ類と異なる．

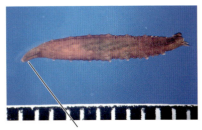 

一見ガガンボ科に似るが，ガガンボ科に見られる硬い頭部がない

体の後端にある呼吸盤と気門[62]

ヒゲナガヤチバエ属の一種 *Sepedon* sp.

幼虫は水生で水田やその脇の水路などに見られ，尾部の気門板を水面上に出して浮いて生息する．本属の一種であるヒゲナガヤチバエ *S. aenescens* は北海道から琉球列島まで広く分布する．幼虫では種の区別はできない．

節足動物門　昆虫綱　コウチュウ目
ゲンゴロウ科 Dytiscidae

流線型の体やオール状の後脚など，水中生活に適した体形をもつ甲虫類．一般にもなじみが深い水生昆虫の1つである．大型種がよく知られるが，小型の種も多く含まれる．

上翅に2つある黄色い斑紋が印象的

腹面が暗赤色である点でキボシケシゲンゴロウと区別される

フタキボシケシゲンゴロウ *Allopachria bimaculata*（M. Satô, 1972）

体長2.5 mm 程度の小さなゲンゴロウ．河川の上流域に生息する．トカラ，奄美大島，徳之島，沖永良部島，沖縄島に分布する．
環境省レッドリストカテゴリー：準絶滅危惧

斑紋のよく似た種が多く，正確な同定には後脚脛節の細かな構造などを観察する必要がある

コケシゲンゴロウ *Hyphydrus pulchellus* Clark, 1863

体長3.5～4.0 mm程度の小さなゲンゴロウ．池沼，放棄水田，湿地などの止水域に生息する．種子島以南の沖縄島を含む南西諸島に広く分布する．

小型でよく似た種が多く，正確な同定には細かい部位の詳細な観察が必要

チャイロチビゲンゴロウ *Liodessus megacephalus* (Gshwendiner, 1931)

体長3.0 mm前後の小さなゲンゴロウ．海岸線の塩水が混じるような水たまり，湿地に生息する．本州以南に分布する．琉球列島にも広く分布し，国外では台湾，中国に分布する．

上翅（前翅）の周囲が淡色となるリュウキュウセスジゲンゴロウとよく似る

タイワンセスジゲンゴロウ *Copelatus tenebrosus* Régimbart, 1880

体長4.5mm程度の小さなゲンゴロウ．湿地や水たまりに普通に生息する．トカラ以南の琉球列島に分布する．国外では東南アジアに広く分布する．

上翅は一様に灰色

前胸の腹面が黄色

オスの前脚の付節が幅広い

一見ヒメゲンゴロウ *Rhantus suturalis* などに似るが，上記の点で区別できる

ウスイロシマゲンゴロウ *Hydaticus rhantoides* Sharp, 1882

体長10.0mm程度．幼虫，成虫共に水生で，池や放棄水田に普通に生息する．本州以南に分布する．琉球列島にも広く分布し，国外では台湾，中国，東南アジアに広く分布する．

ミズスマシ科 Gyrinidae

水面をすばやく泳ぎ回る甲虫類．河川の緩流部や池などの止水域に多いが，流水に生息する種もいる．眼は水上と水中の両方を見ることができ，中脚と後脚は泳ぎに適した形に変形している．

成虫

幼虫
各腹節の側面に細い鰓がある
体の後端に4本の爪がある
（以上はミズスマシ科の幼虫に一般に見られる特徴）

前脚が長い

オキナワオオミズスマシ *Dineutus mellyi insularis* Régimbart, 1880

体長は20 mm程度で日本産ミズスマシの中では最も大きい．幼虫，成虫共に水生で，主に渓流のよどみに生息する．琉球列島に広く分布する．
琉球列島には他にツマキレオオミズスマシ *D. orientalis* Sharp, 1884，リュウキュウヒメミズスマシ *Gyrinus ryukyuensis* M. Sato, 1971などが生息する．

ガムシ科 Hydrophilidae

ゲンゴロウ類と並ぶ代表的な水生甲虫類．止水域に多く見られる．草食性のものが多い．

上翅のごまふ模様と，長い毛が密生した中脚，後脚が特徴

ナガトゲバゴマフガムシ *Berosus elongatulus* Jordan, 1894

体長は4.0～6.0mm程度．幼虫，成虫共に水生で，主に水田や湿地，池沼などに生息する．奄美大島以南に広く分布する．国外では台湾，中国，東南アジア，アフリカなどに広く分布する．

小顎髭

小顎髭が長い

頭部を腹面から見たところ どちらもガムシ科によく見られる特徴

触角は数珠状で，先端が太い

キイロヒラタガムシ *Enochrus simulans* (Sharp, 1873)

体長は5.0～6.0mm程度．幼虫，成虫共に水生で，主に水田や湿地，池沼などに生息する．本州以南に分布する．琉球列島でも広く分布し，国外では朝鮮半島，中国，台湾，ロシアなどに分布する．

上翅はやや赤みを帯びる

アカヒラタガムシ *Helochares anchoralis* Sharp, 1890

体長5.5mm程度．幼虫，成虫共に水生で，主に水田や湿地，池沼などに生息する．琉球列島に広く分布する．国外では台湾，中国，東南アジアなどに広く分布する．

上翅に小さなくぼみの列（点刻列[63]）が10列ある

体は黒く，非常に丸みが強い

マメガムシ *Regimbartia attenuata*（Fabricius, 1801）

体長4.0mm程度．幼虫，成虫共に水生で，主に水田や湿地，池沼などに生息する．琉球列島全域，本州，四国，九州などに分布する．国外では台湾，中国，東南アジア，インド，スリランカ，オーストラリアなどに広く分布する．

ドロムシ科 Dryopidae

水生または半水生の甲虫類．生態についてはあまり詳しく知られていないが，日本産の成虫は，河川の水際などに見られる．

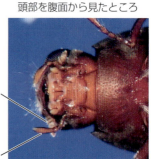

頭部を腹面から見たところ

触角は眼の下にあり，くしのような形をしている（ドロムシ科の特徴）

小顎髭

リュウキュウムナビロツヤドロムシ *Elmomorphus amamiensis* Nomura, 1959

体長3.2mm程度．幼虫，成虫共に水生で，主に河川中流から上流に生息する．奄美大島，徳之島，沖縄島に分布．琉球列島に生息するドロムシ科は本種1属1種である．

ヒメドロムシ科 Elmidae

流水に生息する小さな甲虫類．溶存酸素が豊富な環境に棲む．脚が長く，付節や爪が大きいものが多い．幼虫と成虫は共に水生であるが，蛹化[64]は陸上である．2年以上生きるといわれる．

体は黒く短めで，腹面が暗赤色

マルナガアシドロムシ *Grouvellinus subopacus* Nomura, 1962

体長1.7mm程度．主に河川上流に生息する．奄美大島，徳之島，沖縄島に分布．

体は比較的細長く，上翅は黒に橙の模様が入る独特の斑紋がある

オキナワミゾドロムシ *Ordobrevia amamiensis okinawana* (Nomura, 1959)

体長2.5mm程度．主に河川上流に生息する．沖縄島に分布．

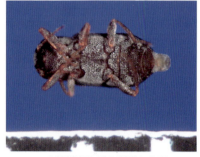

本種が属するアシナガミゾドロムシ属 Stenelmis の特徴は次種の説明を参照

上翅表面の顆粒が大きい

リュウキュウアシナガミゾドロムシ *Stenelmis hayashii* Satô, 1999

体長1.6 mm 程度．主に河川上流に生息する．奄美大島，沖縄島に分布．

第1点刻列　第2点刻列

上翅に並ぶ点刻列のうち，いちばん内側とその隣の列が融合しないのが，アシナガミゾドロムシ属 *Stenelmis* の特徴の1つとされている

アカハラアシナガミゾドロムシ *Stenelmis hisamatsui* Satô, 1960

体長2.3 mm 程度．主に河川上流に生息する．奄美大島，徳之島，沖縄島に分布．

体が赤っぽく，上翅外側のへりが黄色い．また上翅に点刻列がほとんどなく，滑らかに見える

ウエノツヤドロムシ *Urumaelmis uenoi uenoi*（Nomura, 1961）

体長は2mm前後．赤褐色で光沢を欠き，背面にほとんど点刻がない．主に河川上流に生息する．奄美大島以南に分布．

前種に似ているが，点刻列がやや目立つ．確実に同定するためには，上翅の点刻列を細かく観察する必要がある

ナガツヤドロムシ *Zaitzevia elongata* Nomura, 1962

体長1.7mm程度．主に河川上流に生息する．奄美大島，徳之島，沖縄島に分布．

ヒラタドロムシ科 Psephenidae

幼虫は傘のような形をしており，流水に生息する．成虫は陸生．オスの成虫は鹿の角のような多数の枝分かれのある大きな触角をもつ．この科の幼虫は，体が平たく楕円形で石の表面に張り付いて生活する．

胸部側片　　　腹部側片（1〜8）

1 2 3 4 5 6 7 8

腹部第8側片がある（マルヒラタドロムシ属 *Eubrianax* の特徴）前胸背板中央線の上にひし形のキチン板がない

鰓は第1〜4腹節にある（マルヒラタドロムシ属の特徴）

キムラマルヒラタドロムシ *Eubrianax amamiensis kimurai* Lee, Yang & Satô, 2001
幼虫は渓流に生息する．沖縄島，多良間島に分布．

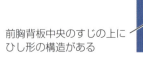

前胸背板中央のすじの上にひし形の構造がある

オキナワマルヒラタドロムシ *Eubrianax loochooensis* Nakane, 1952
幼虫は渓流に生息する．沖縄島に分布．

ナガハナノミ科 Ptilodactylidae

成虫はヒラタドロムシ類とよく似た甲虫．幼虫は水生で，厚いキチンに覆われた細長い体と，体後端の呼吸器を備えている．幼虫は渓流，水が滴る崖，湿地や湿った土壌などに生息する．

幼虫は水が滴る崖などに生息する

体側に毛を密生する(ヒメヒゲナガハナノミ属の特徴)

リュウキュウヒメヒゲナガハナノミ *Drupeus ogatai* Yoshitomi & Hayashi, 2013
幼虫は岩盤の滴りや飛沫帯に付着して生息する．沖縄島に分布．本属は沖縄島には本種1種のみが生息する．西表島や台湾には近似種の *D. hygropettricus* が生息する．

用語解説

1 **剛毛**〔ごうもう〕：体表面に生えている比較的かたい毛

2 **鰓**〔えら〕：体表面などの一部が変形して面積を増やし，水中の酸素などとのガス交換を効率的にするようになったもの．中に気管のある気管鰓と血管がある血管鰓がある．鰓だけでなく，体表面もガス交換に使われる動物が多い．

3 **頸部**〔けいぶ〕：昆虫の頭と前胸をつなぐ部分．人の首に相当する．

4 **触角**〔しょっかく〕：アンテナともいう．頭の先端にあり感覚などの働きを持っている．

5 **下唇**〔かしん〕：昆虫などの口の一部．トンボ類では下唇が大きくなり，先端に鉤のようなものがあり，餌をとるときには，前方に伸びて先端の鉤で捕まえる．

6 **脚**〔きゃく〕：昆虫は前胸，中胸，後胸にそれぞれ脚があり，前脚，中脚，後脚という．アメンボ類の一部では，中脚と後脚が細く長くなり，4 本の脚のように見えることがある．

7 **キチン**：昆虫や甲殻類（エビやカニなど）の体表面の一部を固くする板のような構造．窒素をふくむ多糖類（植物の形を作るセルロースに似たもの）でできている．

8 **筒巣**〔つつす〕：陸上のミノムシのように持ち運びのできる筒型などの巣．水中ではトビケラ類の多くが筒巣を作り，その形や材料は種やグループによって異なる．

9 **尾肢**〔びし〕：尾脚ともいう．腹部の最末端の節にある脚で，トビケラ幼虫では筒巣を運ぶ，移動するときなどにつかまるなどの働きを持っている．

10 **大顎**〔だいがく〕：昆虫やエビカニ類の口（口器）の一部で，前のほうにあり餌を捕まえたり噛み砕いたりする働きを持っている．

11 **呼吸盤**〔こきゅうばん〕：腹部の末端にある呼吸（ガス交換）を助ける構造で，突起や板状の構造などがある．

12 **擬脚**〔ぎきゃく〕：ハエ目などの胸や腹部にある脚のような突起．普通の脚のように強くキチン化することもなく節もないが，先端に小さな爪やトゲや吸盤のようなものがあることもある．

13 **小顎髭**〔しょうがくびん〕：昆虫などの口（口器）の一部である小顎（小さな顎）にある節のある突起．動物によっては，触角より長くなることもある．

14 **眼点**〔がんてん〕：光を感じる組織の集まりだが，目のようなレンズは持たない．

15 **染色体**〔せんしょくたい〕：遺伝情報を持つ DNA が収納されている細胞内の構造で，顕微鏡レベルで形は見える．この数や形は分類にも使われることがある．

16 **卵のう**〔らんのう〕：多くの卵を入れた袋など．

17 **汽水**〔きすい〕：河川と海の境界にある海水よりは塩分濃度が薄い部分．

18 **殻径**〔かくけい〕：巻貝を上から見たときの直径．

19 **外套膜**〔がいとうまく〕：貝類，イカやタコなどの軟体動物の内臓の背側をマントのようにおおう膜で，貝類はこの膜の外側で貝殻を作る．

20 **卵胎生**〔らんたいせい〕：生んだ卵を体内で育ててから，小貝や仔魚などの形で体外に出す出産様式．

21 **卵生**〔らんせい〕：卵を直接体外に生む出産様式.

22 **単為生殖**〔たんいせいしょく〕：雌だけで卵や子を作ること.貝類,ミジンコ類では よく見られる.魚類にもギンブナなど単為生殖する種がある.

23 **両側回遊**〔りょうそくかいゆう〕：一生の中で,海と川で生活,繁殖すること.アユ のように海で仔魚期を過ごし川で成長,産卵するもの,サケのように海で成長し 産卵のために川にのぼるもの,ウナギのように河川などの淡水域で成長し産卵の ために海に降るものがある.

24 **眼柄**〔がんぺい〕：頭と目をつなぐ部分（組織）.昆虫,甲殻類,それに貝類などに 見られる.

25 **体層**〔たいそう〕：巻貝などの下側の層（巻）.

26 **螺塔**〔らとう〕：巻貝などの先端部.淡水の貝では欠けていることが多い.

27 **有機汚濁**〔ゆうきおだく〕：人間生活,畜産,農業から出る有機物による汚染.これ に対して無機汚濁は,鉱山や農薬などの化学物質による汚染.

28 **口前葉**〔こうぜんよう〕：ミミズやゴカイなど（環形動物）の口より前にある部分.

29 **渓流**〔けいりゅう〕：厳密な定義はないが,普通は山地を流れる上流から中流上部を 渓流と呼んでいる.

30 **クチクラ**：生物の表皮細胞から分泌される物質で作る丈夫な膜.人間の髪の毛（キ ューティクル）,昆虫やエビカニのキチンもクチクラの1種.植物の葉にも光沢 のあるクチクラ層がある.

31 **歩脚**〔ほきゃく〕：エビカニ類の頭胸部にある5対の脚.エビ類では1番目と2番目 の脚がはさみ脚になる.

32 **額角**〔がっかく〕：エビ類の頭部の背側の先端にある角状の突起.かたち,棘の数, 長さが種の区別点になる.

33 **小卵多産**〔しょうらんたさん〕：卵や子供を作る資源（材料など）が一定ならば,小 さな卵を多く生むやり方と,大きな卵を少なく生むやり方がある.大きな卵は生 き残り率が高く,多くの卵を産むと急速に子孫を増やすことができ,いずれも一 長一短である.エビ類などでは,海に降る種は小卵多産で,卵から幼生が生まれ て,海に降って成長して,産卵のために河川を遡上する.河川に留まる種は大卵 小産になることが多く,卵から直接稚エビが生まれる.

34 **第1触角**〔だいいちしょっかく〕：エビ類には頭胸部に2対の触角があり,第1触角 が長い.

35 **口器**〔こうき〕：昆虫類やエビカニ類の口器は,多くの頭部の体節やその脚（肢）が さまざまに変形して作り上げられている.大顎,小顎,下唇などである.

36 **源流**〔げんりゅう〕：厳密には河川が湧水などではじまる流れであるが,地形図で最 初に川の流れが見えるところ（1次）とその流れどうしが合流する流れ（2次） ぐらいまでを源流ということが多い.

37 **腿節**〔たいせつ〕：昆虫の脚（胸脚）は,根元から基節,転節,腿節,脛節,付節, 爪からできているのが基本である.

38 **上唇**〔じょうしん〕：口器の上面にあり,大顎を上から覆う.

39 **平瀬**〔ひらせ〕：河川上流や中流に見られる状態で,これらでは早瀬,平瀬,淵が 繰り返されるのが基本で,早瀬（早い瀬）は表面に白波が立つが,平瀬では流速

は早いものの白波は立たずにスムースに流れる．淵は水深が深く流速が小さくなる．

40 尾鰓〔びさい〕：トンボ類の中には尾が幅広になりガス交換の機能も持つ種が多く，そのような尾をとくに尾鰓と呼んでいる．

41 複眼〔ふくがん〕：昆虫類などが持つ小さなレンズを持つ個眼が多数集まった光感覚器．動きや形，種によっては色彩も認識できる．

42 落葉堆積〔らくようたいせき〕：河川の流れの緩い淵などの川底には落ち葉や小枝が溜まっていることが多い．この堆積は，河川動物の棲み場所として，また餌として重要である．

43 細流〔さいりゅう〕：細い流れで，普通は湧水などを起源とする1次流である．

44 飛沫帯〔ひまつたい〕：河川上流域の瀬や滝の横で，水しぶきのかかる部分．水深はほとんどないが乾燥してしまうこともなく，このような場所に特有の生物が見られる．湿潤帯は，これ以外に水しぶきがなくて水がしみるような場所も含む．

45 単眼〔たんがん〕：昆虫類などは小さなレンズを持つ個眼が多数集まった複眼を主に使うが，単独の個眼だけからなる単眼も持つことが多い．像を見ることはできないが，光を感じる器官として働いている．

46 短翅型〔たんしがた〕と長翅型〔ちょうしがた〕：水生，陸生を問わず，カメムシ目やバッタ目などには，同一種でも翅の長い（普通）と短いタイプが出現する．バッタなどでは密度が高くなると，長翅型が多くなり移動個体も増えるという．一般的に長翅型は移動性が高く，短翅型は定住性が高い．

47 東洋区〔とうようく〕：生物地理区の区分の1つ．東アジアの一部，東南アジア，インド亜大陸が含まれる．琉球列島は東洋区とその北の旧北区（東部旧北区）との境界になっている．

48 腹板〔ふくばん〕：昆虫の腹部の体節は，基本的には背側の背板と腹側の腹板，それらの間にある側板でできているが，ときにはくっついてまとまったキチン板となることや，キチン板が形成されずに膜質になることも多い．

49 珪藻〔けいそう〕：水中の単細胞性藻類だが，群体を作ることも多い．石表面や植物面に付着したり，プランクトンとして浮遊したりする種がある．光合成をする植物で，他の動物の重要な餌となる．

50 小盾（楯）板〔しょうじゅんばん〕：昆虫の中胸には前翅があるが，その前翅の間にある逆三角形の背板．カメムシ目や甲虫では大きくて目立つ．

51 ワンド〔わんど〕：広義には河原にある水溜まりを指す．本流とつながっている場合も，分離している場合もある．

52 完全変態〔かんぜんへんたい〕：昆虫類で，幼虫と成虫の形が大きく異なるもの．数齢の幼虫時代，蛹，成虫というステージを経る．水生昆虫には，ヘビトンボ，トビケラ，ハエ，コウチュウ目などがある．幼虫と成虫の基本体形が似ていて，蛹期を持たない不完全変態については，水生昆虫では，カゲロウ，カワゲラ，カメムシ目などがある．

53 咽頭板〔いんとうばん〕：頭部の腹板（腹側のキチン板）で，トビケラ類の幼虫では前後2枚に分かれたり，退化していることがある．その形や大きさは，分類の目安になる．

54 **固着巣**〔こちゃくそう〕：シマトビケラ類などは，流水中にクモの網のような捕獲網〈ほかくもう〉とその後方に砂粒など石などに固着した巣を作る．筒巣ほど形は安定していない．

55 **造網性**〔ぞうもうせい〕：トビケラの仲間は大きく３つに分かれ，そのうちシマトビケラ上科（科の１つ上の分類単位）は，水中にクモのように網を張って，水中を流れてくる有機物などを餌とする．それらを造網性トビケラ呼ぶ．シマトビケラ科，ヒゲナガカワトビケラ科が代表的な造網性トビケラ類．

56 **終齢幼虫**〔しゅうれいようちゅう〕：トビケラ類は全部で５齢期（幼虫では４回脱皮する）を持つ．その５齢期目の幼虫，その次には蛹になる．幼虫の形を保ったまま繭（まゆ）の中で活動レベルの低い状態を前蛹という．カゲロウやトンボなどは，もっと多くの齢を持つが，翅（はね）のもと（原基）の様子などで終齢は区別できることが多い．

57 **糸状藻類**〔しじょうそうるい〕：緑藻や藍藻など単細胞性の藻類が，縦に糸状につながるものを糸状藻類という．アオミドロなどが有名．

58 **若齢幼虫**〔じゃくれいようちゅう〕：昆虫の１齢幼虫などをいうが，きっちり齢期が決まっているわけではない．幼虫が５齢期のトビケラでは，１〜２あるいは３齢を若齢とすることが多い．それ以降の齢に比べて，齢期間は短い．

59 **津田松苗**〔つだまつなえ〕：奈良女子大学の教授であったトビケラ学者（故人），トビケラ分類だけでなく日本の汚水生物学や指標生物学の発展に大きな貢献をした．

60 **沿海州**〔えんかいしゅう〕：ロシアの極東地域の一部，現在の沿海地方とハバロフスク地方を合せた地域の通称．ウラジオストクとハバロフスクが大きな都市．中国から沿海州を流れるアムール川とその支流は水生生物の宝庫．

61 **不快害虫**〔ふかいがいちゅう〕：人に病気を起こす昆虫は衛生害虫，農業被害を起こす昆虫は農業害虫と呼ばれる．特に人に被害を起こさないが，多く発生して気味悪がられるような昆虫を不快害虫という．

62 **気門**〔きもん〕：昆虫類の呼吸組織である気管が体表に開いている部分．固くなった毛や突起やキチン板などがあることが多い．

63 **点刻列**〔てんこくれつ〕：甲虫類の上翅（前翅）の表面にある筋のようなもので，小さなくぼみが連続してできている．ヒメドロムシなどでは，種を区別する重要な特徴．

64 **蛹化**〔ようか〕：完全変態（幼虫と成虫の形がまったく異なる）する昆虫が，幼虫から蛹になること．

生物名索引

学名

【A】

Acentrella lata　39
Alainites yoshinensis　39
Allopachria bimaculata　80
Amphinemura sp.　52
Antocha sp.　72
Apistomyia nigra　74
Aquarius paludum amamiensis　55
Asiagomphus amamiensis amamiensis　48
Asiagomphus amamiensis okinawanus　48
Asiagomphus yayeyamensis　48
Assimineidae　25
Athericidae　78
Atractides sp.　30
Atyidae　31

【B】

Baetidae　39
Baetis thermicus　40
Beraeidae　67
Berosus elongatulus　84
Blephariceridae　74

【C】

Caenidae　45
Caenis sp.　45
Calopterygidae　46
Caridina celebensis　31
Caridina grandirostris　32
Caridina leucosticta　33
Caridina serratirostris　31
Caridina typus　34
Cheumatopsyche okinawana　62
Cheumatopsyche sp.　62

Chimarra sp.　64
Chironomidae　76
Chironominae　77
Clithon retropicta　21
Clithon sp.　21
Conchapelopia sp.　76
Copelatus tenebrosus　82
Corduliidae　50
Corixidae　59
Cricotopus sp.　76
Crocothemis servilia servilia　51
Cryptoperla sp.　53

【D】

Dineutus mellyi insularis　83
Dineutus orientalis　83
Dipseudopsidae　61
Drupeus hygropettricus　91
Drupeus ogatai　91
Dryopidae　86
Dugesia japonica　20
Dugesia ryukyuensis　20
Dugesia sp.　20
Dugesiidae　20
Dytiscidae　80

【E】

Ecdyonurus　42
Ecdyonurus hyalinus　42
Elmidae　87
Elmomorphus amamiensis　86
Enochrus simulans　84
Ephemera formosana　44
Ephemera orientalis　44
Ephemeridae　44
Eriocheir japonica　38
Eubrianax　90
Eubrianax amamiensis kimurai　90
Eubrianax loochooensis　90

Euphaea yaeyamana　47
Euphaeidae　47

【F】
Fossaria ollula　26

【G】
Geothelphusa aramotoi　37
Gerridae　55
Goera akagiae　68
Goera uchina　68
Goeridae　68
Gomphidae　48
Grouvellinus subopacus　87
Gumaga okinawaensis　71
Gumaga orientalis　71
Gyraulus chinensis spirillus　27
Gyrinidae　83
Gyrinus ryukyuensis　83

【H】
Helochares anchoralis　85
Heptageniidae　42
Hexatoma sp.　73
Hydaticus rhantoides　82
Hydrometra annamana　57
Hydrometra okinawana　57
Hydrometridae　57
Hydrophilidae　84
Hydropsyche orientalis　63
Hydropsyche yaeyamensis　63
Hydropsychidae　62
Hydroptila sp.　66
Hydroptilidae　66
Hygrobatidae　30
Hyphydrus pulchellus　81

【I】
Indonemoura　52

【L】
Labiobaetis atrebatinus orientalis　40

Lepidostoma nanseiense　69
Lepidostoma ryukyuense　69
Lepidostomatidae　69
Leptoceridae　70
Leptophlebiidae　43
Libellulidae　51
Liodessus megacephalus　81
Lymnaea auricularia　26
Lymnaeidae　26

【M】
Macrobrachium formosense　35
Macrobrachium japonicum　36
Macrobrachium nipponense　35
Macromia clio　50
Macromia kubokaiya　50
Macromia urania　50
Matrona basilaris japonica　46
Melanoides tuberculatus　24
Mesovelia vittigera　58
Mesoveliidae　58
Metrocoris esakii　56
Micronecta grisea　59
Micronecta sahlbergii　59
Micronecta sp.　59

【N】
Naididae　28
Nais communis　28
Nemoura　52
Nemouridae　52
Neogerris parvulus　56
Neoperla sp.　54
Neritidae　21
Neritilia rubida　23
Neritiliidae　23
Nigrobaetis sp. D　41
Nippoberaea gracilis　67

【O】
Oecetis sp.　70
Ordobrevia amamiensis okinawana　87

Orthocladiinae   76

[P]

Palaemonidae   35
Paludinassiminea debilis   25
Pantala flavescens   51
Peltoperlidae   53
Perlidae   54
Philopotamidae   64
Physa acuta   27
Physidae   27
Planorbidae   27
Polypedilum sp.   77
Potamidae   37
Pristina longiseta   28
Protonemura   52
Psephenidae   90
Pseudoneureclipsis sp.   61
Pseudosuccinea columella   26
Psychoda sp.   75
Psychodidae   75
Ptilodactylidae   91

[R]

Regimbartia attenuata   85
Rhantus suturalis   82
Rheocricotopus sp.   77
Rheotanytarsus sp.   77
Rhyacophila sp.   67
Rhyacophilidae   67

[S]

Sciomyzidae   79
Sepedon aenescens   79
Sepedon sp.   79
Septaria porcellana   22
Septariidae   22

Sericostomatidae   71
Sialidae   60
Sialis sinensis   60
Stenelmis   88
Stenelmis hayashii   88
Stenelmis hisamatsui   88
Stenomelania uniformis   24
Stenopsyche schmidi   65
Stenopsychidae   65
Stenothyra basiangulata   25
Stenothyridae   25
Stylaria fossularis   29
Stylaria lacustris   29
Stylogomphus ryukyuanus asatoi   49
Stylogomphus ryukyuanus ryukyuanus   49
Suragina sp.   78
Suragina uruma   78

[T]

Tanypodinae   76
Tenuibaetis pseudofrequentus   41
Thiaridae   24
Thraulus fatuus   43
Tipula sp.   72
Tipulidae   72
Torrenticola sp.   30
Torrenticolidae   30

[U]

Urumaelmis uenoi uenoi   89

[V]

Varunidae   38

[Z]

Zaitzevia elongata   89

和名

【あ】

アカトンボ　51
アカハラアシナガミゾドロムシ　88
アカヒラタガムシ　85
アシナガミゾドロムシ属　88
アブ科　78
アマオブネガイ科　4, 21-23
アマオブネガイ目　21
アマミアメンボ　55
アミカ　3
アミカ科　14, 74
アミメカゲロウ目　60
アメンボ　3
アメンボ科　11, 55, 57
アメンボ類　57
アラモトサワガニ　37

【い】

イシマキガイ　21, 22
イソガニ　38
イトアメンボ科　11, 57
イトトンボ類　46
イトミミズ科　28
イトミミズ目　28

【う】

ウエノツヤドロムシ　89
ウスイロオカチグサガイ　25
ウスイロシマゲンゴロウ　82
ウスイロフトヒゲコカゲロウ　40
ウスグロトゲエラカゲロウ　43
ウスバガガンボ属の一種　72
ウスバカゲロウ類　60
ウスバキトンボ　51
ウズムシ　2
ウズムシ類　2, 5
ウルマーシマトビケラ　63
ウルマナガレアブ　78

【え】

エゾトンボ科　10, 50
エゾトンボ類　50
エビ，カニ類　2, 6
エビ目　31
エビ類　34
エリユスリカ亜科　76, 77

【お】

オキナワイトアメンボ　57
オキナワオオミズスマシ　83
オキナワオジロサナエ　49
オキナワコヤマトンボ　50
オキナワサナエ　48
オキナワトゲオトンボ　47
オキナワニンギョウトビケラ　68
オキナワヒゲナガカワトビケラ　65
オキナワマルヒラタドロムシ　90
オキナワミズゴマツボ　25
オキナワミゾドロムシ　87
オナシカワゲラ科　9, 52
オナシカワゲラ属　52
オヨギダニ　2
オヨギダニ科　7, 30
オヨギミミズ科　28

【か】

ガガンボ　3
ガガンボ科　14, 72, 73, 79
ガガンボ属の一種　72
ガガンボ類　79
カクツットビケラ科　12, 69
カクツットビケラ属　69
カクツットビケラ類　69
カゲロウ　9, 42-45
カゲロウ目　39
カゲロウ類　2, 8, 39
カタツムリ　79
ガムシ　3
ガムシ科　16, 84
カメムシ目　55
カワゲラ　2, 9, 52
カワゲラ科　9, 54

カワゲラ目　52
カワゲラ類　2, 9, 52-54
カワザンショウガイ科　4, 25
カワトビケラ　3
カワトビケラ科　12, 64
カワトンボ科　10, 46
カワニナ類　24
環形動物門　28
環帯綱　28

【き】
キイロヒラタガムシ　84
キボシケシゲンゴロウ　80
キムラマルヒラタドロムシ　90

【く】
クサツミトビケラ属の一種　70
グマガトビケラ　3, 71
クモ綱　30
クロオナシカワゲラ属　52

【け】
ケイリュウダニ科　7, 30
ケイリュウダニ属の一種　30
ケチビミズムシ　59
ケトビケラ科　12, 71
ケフサイソガニ　38
ゲンゴロウ　3, 80, 81
ゲンゴロウ科　16, 80
ゲンゴロウ類　84

【こ】
コウチュウ（甲虫）類　16
コウチュウ目　80
コウチュウ類（甲虫）成虫　3
コウチュウ類（甲虫）幼虫　3
コカゲロウ　2
コカゲロウ科　8
コカゲロウ類　39
コガタシマトビケラ属　62
コガタシマトビケラ属の一種　62
コケシゲンゴロウ　81
コタニガワトビケラ属の一種　64

コテラヒメヌマエビ　31
コナカハグロトンボ　47
コハクカノコガイ　23
コハクカノコガイ科　4, 23
コブイトアメンボ　57
コヤマトンボ属　50
昆虫綱　39, 46, 52, 55, 60, 61, 72, 80

【さ】
サカマキガイ　26, 27
サカマキガイ科　4, 27
サナエトンボ　3
サナエトンボ科　10, 48
サワガニ　2, 37
サワガニ科　6, 37
サンカクアタマウズムシ科　5, 20
三岐腸目　20

【し】
シマトビケラ　3
シマトビケラ科　13, 62
シマトビケラ属　63
シマトビケラ類　65
シロハラコカゲロウ　39, 40
新生腹足目　24
シンテイトビケラ　61
シンテイトビケラ科　13, 61
シンテイトビケラ類　61

【す】
水生カメムシ類　3, 11
スグカワニナ　24
スジシマイガカノコガイ　21

【せ】
節足動物門　30, 31, 39, 46, 52, 55, 60,
　　61, 72, 80
センブリ　3
センブリ科　13, 60

【た】
タイリクショウジョウトンボ　51
タイワンコヤマトンボ　50

タイワンシマアメンボ　56
タイワンセスジゲンゴロウ　82
タイワンモンカゲロウ　44
タニガワカゲロウ属　42
タニガワカゲロウ類　42
ダニ目　30

【ち】
チビカワトンボ　47
チビサナエ　49
チビミズムシ属の一種　59
チビミズムシ類　59
チャイロチビゲンゴロウ　81
チョウバエ科　15, 75
チョウバエ属の一種　75

【つ】
ツノツツトビケラ　67, 69
ツノツツトビケラ科　12, 67
ツノナガヌマエビ　32, 33
ツマキレオオミズスマシ　83
ツヤユスリカ属の一種　76

【て】
Dコカゲロウ　41
テナガエビ　2, 35
テナガエビ科　6, 31, 35
テナガエビ類　35
テングミズミミズ　29

【と】
トウヨウモンカゲロウ　44
トガリミズミミズ　28
トゲカワニナ　2
トゲカワニナ科　4, 24
トゲナシヌマエビ　34
トビイロカゲロウ　2
トビイロカゲロウ科　8, 43
トビケラ　65, 66
トビケラ目　61
トビケラ類　3, 12, 62, 70
トラフユスリカ属の一種　76
ドロムシ科　16, 86

トンボ科　10, 51
トンボ目　46
トンボ類　3, 10, 46, 47, 51

【な】
ナガツヤドロムシ　89
ナガトゲバゴマフガムシ　84
ナカハグロトンボ　47
ナガハナノミ　3
ナガハナノミ科　17, 91
ナガレアブ科　15, 78
ナガレツヤユスリカ属の一種　77
ナガレトビケラ科　12, 67
ナガレトビケラ属の一種　67
ナガレユスリカ属の一種　77
ナミウズムシ　20
ナミウズムシ属の一種　20
ナミミズミミズ　28
ナメクジ　79
軟甲綱　31
ナンセイカクツツトビケラ　69
軟体動物門　21, 24, 26

【に】
ニセスイドウトビケラ属　13, 61
ニセスイドウトビケラ属の一種　61
ニンギョウトビケラ科　12, 68

【ぬ】
ヌノメカワニナ　24
ヌマエビ科　6, 31, 35
ヌマエビ類　35

【の】
ノギカワゲラ属の一種　53

【は】
ハイイロチビミズムシ　59
ハエ，カ類　3, 14
ハエ目　72
ハネビロトンボ類　51
ハプタエモノアラガイ　26
ハモンユスリカ属の一種　77

汎有肺目　26

【ひ】

ヒゲトガリコカゲロウ　41
ヒゲナガガガンボ属の一種　73
ヒゲナガカワトビケラ　3
ヒゲナガカワトビケラ科　12, 65
ヒゲナガトビケラ科　13, 70
ヒゲナガヤチバエ　79
ヒゲナガヤチバエ属の一種　79
ヒナヤマトンボ　50
ヒメゲンゴロウ　82
ヒメシロカゲロウ科　8, 45
ヒメシロカゲロウ属の一種　45
ヒメセスジアメンボ　56
ヒメトビケラ科　13, 66
ヒメトビケラ属　66
ヒメトビケラ属の一種　66
ヒメドロムシ　3
ヒメドロムシ科　17, 87
ヒメヌマエビ　31
ヒメミミズ科　28
ヒメモノアラガイ　26
ヒライソガニ　38
ヒラタカゲロウ　2
ヒラタカゲロウ科　8, 42
ヒラタドロムシ　3
ヒラタドロムシ科　17, 90
ヒラタドロムシ類　91
ヒラテテナガエビ　36
ヒラマキガイ科　27
ヒラマキミズマイマイ　27
ヒロムネカワゲラ　2
ヒロムネカワゲラ科　9, 53

【ふ】

腹足綱　21, 24, 26
フサオナシカワゲラ属の一種　52
フサオナシカワゲラ類　52
フタキボシケシゲンゴロウ　80
フタツメカワゲラ属　54
フネアマガイ　2, 22
ヒラマキガイ科　4

フネアマガイ科　4, 22
プラナリア類　5

【へ】

ヘビトンボ科　60
ヘビトンボ目　60
ヘビトンボ類　3, 13
扁形動物門　20

【ほ】

ホソナガレアブ属の一種　78

【ま】

マガリアシダニ属の一種　30
巻貝類　2, 4
マツモムシ類　59
マメガムシ　85
マルナガアシドロムシ　87
マルヒラタドロムシ属　90

【み】

ミズカメムシ　58
ミズカメムシ科　11, 58
ミズゴマツボ科　4, 25
ミズスマシ科　16, 83
ミズダニ類　2, 7
ミズミミズ　2
ミズミミズ科　5, 28
ミズミミズ類　28, 29
ミズムシ　3
ミズムシ科　11, 59
ミゾレヌマエビ　32, 33
ミナミカワトンボ　3
ミナミカワトンボ科　10, 47
ミナミクチナガアミカ　74
ミナミセンブリ　60
ミナミタニガワカゲロウ　42
ミナミテナガエビ　35
ミナミミジカオフタバコカゲロウ　39
ミミズ類　2, 5
ミヤマシマトビケラ属　62
ミヤマシマトビケラ属の一種　62

103

【も】

モクズガニ　　38
モクズガニ科　　6, 38
モノアラガイ　　26
モノアラガイ科　　4, 26, 27
モノアラガイ類　　26, 27
モンカゲロウ　　2
モンカゲロウ科　　8, 44
モンユスリカ亜科　　76

【や】

ヤエヤマシマトビケラ　　63
ヤチバエ科　　15, 79
ヤマイトトンボ科　　47
ヤマトグマガトビケラ　　71
ヤマトンボ類　　50

【ゆ】

有棒状体綱　　20
ユスリカ　　3

ユスリカ亜科　　77
ユスリカ科　　14, 76
ユビオナシカワゲラ属　　52

【よ】

ヨシノコカゲロウ　　39

【り】

リュウキュウアシナガミゾドロムシ
　　88
リュウキュウカクツツトビケラ　　69
リュウキュウセスジゲンゴロウ　　82
リュウキュウナミウズムシ　　20
リュウキュウハグロトンボ　　46
リュウキュウヒメヒゲナガハナノミ
　　91
リュウキュウヒメミズスマシ　　83
リュウキュウムナビロツヤドロムシ
　　86

著者紹介

鳥居　高明　（とりい　たかあき）
1974年　岐阜県多治見市生まれ
1998年　東京水産大学（現東京海洋大学）水産学部資源育成学科卒業
同　年　新日本気象海洋株式会社（現いであ株式会社環境創造研究所）入社
著　書　河川の底生無脊椎動物に関する論文多数

谷田　一三　（たにだ　かずみ）
1949年　大阪市生まれ
京都大学大学院理学研究科単位取得退学．理学博士（京都大学）．大阪府立大学総合科学部（助手，講師，助教授，教授），大阪府立大学大学院理学系研究科（教授），大阪府立大学名誉教授．大阪市立自然史博物館館長．
著　書　『日本産水生昆虫検索図説』，『日本の水生昆虫―種分化とすみわけをめぐって』，『日本産水生昆虫　科・属・種への検索』（以上東海大学出版会），『河川環境の指標生物学』（北隆館），『水辺と人の環境学　上．中．下』（朝倉書店）など多数

山室　真澄　（やまむろ　ますみ）
1960年　名古屋市生まれ
東京大学大学院理学系研究科地理学専門課程修了（理学博士）．通商産業省工業技術院地質調査所技官（現，産業技術総合研究所）を経て2007年より東京大学大学院新領域創成科学研究科教授．
著　書　『貧酸素水塊―現状と対策』（生物研究社），『里湖モク採り物語　50年前の水面下の世界』（生物研究社），『河川感潮域―その自然と変貌』（名古屋大学出版会），『水システム講義　持続可能な水利用に向けて』（東京大学出版会），『レイト・レッスンズ　14の事例から学ぶ予防原則』（七つ森書館）など多数

沖縄の河川と湿地の底生動物

2017年9月30日　第1版第1刷発行

著　者　鳥居高明・谷田一三・山室真澄

発行者　橋本敏明

発行所　東海大学出版部
　　　　〒259-1292 神奈川県平塚市北金目4-1-1
　　　　TEL 0463-58-7811　FAX 0463-58-7833
　　　　URL http://www.press.tokai.ac.jp/　　振替　00100-5-46614

印刷所　港北出版印刷株式会社

製本所　誠製本株式会社

© Takaaki TORII, Kazumi TANIDA and Masumi YAMAMURO, 2017　ISBN978-4-486-02156-8

・ JCOPY ＜出版者著作権管理機構 委託出版物＞
本書（誌）の無断複製は著作権法上での例外を除き禁じられています．複製される場合は，そのつど事前に，出版者著作権管理機構（電話03-3513-6969，FAX 03-3513-6979，e-mail: info@jcopy.or.jp）の許諾を得てください．